After Effects CS4 影视特效基础教程

总主编 张小毅
主 编 赵礼君 陈 娟
副主编 吴万明
编 者（以姓氏笔画为序）
王红林 吴万明 李佳蔓
陈 娟 陈 琪 赵礼君 梁 强

重庆大学出版社

内容提要

本教材引进了澳大利亚职业教育的先进理念，突出了以学生为中心的教育思想，通过大量的实例任务，让学生了解影视后期特效合成的流程和基本操作方法。本教材内容包括影视特效制作入门知识、After Effects CS4中二维图层的使用、创建文字和Paint绘图、遮罩的应用、制作三维合成特效、抠像与调色、稳定跟踪与表达式以及使用After Effects CS4制作综合实例等。

本书是中等职业学校“影视后期合成”方向的专业教材，同时也可作为After Effects爱好者的学习参考书。

图书在版编目(CIP)数据

After Effects CS4影视特效基础教程/赵礼君，陈娟主编.—重庆：重庆大学出版社，2010.8（2020.3重印）

（中等职业教育计算机专业系列教材）

ISBN 978-7-5624-5575-2

Ⅰ.①A… Ⅱ.①赵…②陈… Ⅲ.①图形软件，After Effects CS4—专业学校—教材 Ⅳ.①TP391.41

中国版本图书馆CIP数据核字(2010)第136692号

中等职业教育计算机专业系列教材

After Effects CS4 影视特效基础教程

主 编 赵礼君 陈 娟

策划编辑：李长惠 王 勇 王海琼

责任编辑：文 鹏 张晓华 版式设计：王海琼

责任校对：任卓惠 责任印制：赵 晟

*

重庆大学出版社出版发行

出版人：饶帮华

社址：重庆市沙坪坝区大学城西路21号

邮编：401331

电话：（023）88617190 88617185（中小学）

传真：（023）88617186 88617166

网址：http：//www.cqup.com.cn

邮箱：fxk@cqup.com.cn（营销中心）

全国新华书店经销

重庆魏承印务有限公司印刷

*

开本：787mm×1092mm 1/16 印张：12.75 字数：318千

2010年8月第1版 2020年3月第10次印刷

印数：18 001—20 000

ISBN 978-7-5624-5575-2 定价：49.00元

序 言

进入21世纪，随着计算机科学技术的普及和发展加快，社会各行业的建设和发展对计算机技术的要求越来越高，计算机已成为各行各业不可缺少的基本工具之一。在今天，计算机技术的使用和发展，对计算机技术人才的培养提出了更高的要求，培养能够适应现代化建设需求的、能掌握计算机技术的高素质技能型人才，已成为职业教育人才培养的重要内容。

按照“以就业为导向”的办学方向，根据国家教育部中等职业教育人才培养的目标要求，结合社会行业对计算机技术操作型人才的需要，我们在调查、总结前些年计算机应用型专业人才培养的基础上，重新对计算机专业的课程设置进行了调整，进一步突出专业教学内容的针对性和实效性，重视对学生计算机基础知识的教学和对计算机技术操作能力的培养，使培养出来的人才能真正满足社会行业的需要。为进一步提高教学的质量，我们专门组织了有丰富教学经验的教师和有实践经验的行业专家，重新编写了这套中等职业学校计算机专业教材。

本套教材编写采用了新的教育思想、教学观念，遵循的编写原则是：“拓宽基础、突出实用、注重发展。”为满足学生对计算机技术学习的需求，力求使教材突出以下几个主要特点：一是按专业基础课、专业特征课和岗位能力课三个层面设置课程体系，即：设置所有计算机专业共用的几门专业基础课，按不同专业方向开设专业特征课，同时根据专业就业所要从事的某项具体工作开设相关的岗位能力课；二是体现以学生为本，针对目前职业学校学生学习的实际情况，按照学生对专业知识和技能学习的要求，教材在编写中注意了语言表述的通俗性，以任务驱动的方式组织教材内容，以服务学生为宗旨，突出学生对知识和技能学习的主体性；三是强调教材的互动性，根据学生对知识接受的过程特点，重视对学生探究能力的培养，教材编写采用了以活动为主线的方式进行，把学与教有机结合，增加学生的学习兴趣，让学生在教师的帮助下，通过活动掌握计算机技术的知识和操作的能力；四是重视教材的“精、用、新”，根据各行各业对计算机技术使用的需要，在教材内容的选择上，做到“精选、实用、新颖”，特别注意反映计算机的新知识、新技术、新水平、新趋势的发展，使所学的计算机知识和技能与行业需要相结合；五是编写的体例和栏目设置新颖，易受到中职学生的喜爱。这套教材实用性和操作性较强，能满足中等职业学校计算机专业人才培养目标的要求，也能满足学生对计算机专业技术学习的不同需要。

为了便于组织教学，与教材配套有相关教学资源材料供大家参考和使用。希望重新推出的这套教材能得到广大师生喜欢，为职业学校计算机专业的发展做出贡献。

中等职业学校计算机专业教材编委会

2008年7月

前 言

After Effects是由Adobe公司开发的影视特效合成软件，它功能强大、易学易用，深受广大影视制作爱好者和影视特效合成的喜爱，已经成为这一领域最流行的软件之一。本书以After Effects CS4为平台，详细讲述了利用After Effects CS4进行影视后期特效合成的流程和方法。

本书本着“任务驱动、案例教学”和“学生为主，教师为辅”的宗旨，充分考虑了中等职业学校教与学的时间需求，结合中职学生的就业方向进行了有针对性的教学设计，其主要特色有：

1. 采用任务驱动模式，通过具体任务的完成，引出相关概念，避免了从纯理论入手的传统教学模式。

2. 从After Effects的功能模块着手，遵循先易后难的原则安排各个知识模块。

3. 任务实例多样，选择的实例具有典型性和通用性，与企业需求相结合，使学生学习后能够举一反三、触类旁通。

本书各模块由以下几部分组成：

【模块综述】概括说明本模块的知识点和操作技能，以及学生应达到的目标。

【任务概述】提出本任务要学习的知识内容和所要完成的具体实例。

【步骤解析】讲述任务中实例的操作步骤。

【知识窗】讲述与本任务实例有关的知识和操作技巧。

【想一想】学生对所做实例知识的总结与回顾。

【课后练习】任务结束后，给出操作题，让学生上机练习，以检查学生对本任务操作技能的掌握情况。

本书由具体多年动漫竞赛辅导经验的一线教师组织编写，其中模块一由重庆市龙门浩职业中学赵礼君编写，模块二和模块三由重庆市沙坪坝立信职业教育中心陈娟编写，模块四、模块八由重庆市九龙坡职业教育中心的吴万明编写，模块五由重庆市女子职业中学的梁强编写，模块六、模块七由重庆市商务学校的陈琪编写，模块九由重庆市龙门浩职业中学李佳蔓编写，模块十由重庆市龙门浩职业中学王红林编写。全书由吴万明老师和赵礼君老师统稿，并由重庆市小龙坎职业中学的张晓华老师审核。

本书在编写过程中，得到了重庆市教科院、重庆大学出版社的大力支持和帮助，在此一并致以衷心感谢。由于时间仓促，作者水平有限，书中难免存在错误和不妥之处，敬请广大读者批评指正。

编　者

2010年7月

目 录

走进影视特效的世界

模块综述

影视特效不再是一个陌生的名词，但凡有声望的电影和电视节目都少不了影视特效合镜头。如电视节目的栏目包装、新闻片头、产品广告甚至天气预报等都少不了特效合成技术和镜头。本模块主要讲解什么是影视特效合成、影视特效合成所需的软件、After Effects CS4的界面及其操作方法，并通过用After Effects CS4制作一个简单的动画实例来了解影视特效合成的工作流程。

学习完本模块后，你将能够：

- 了解影视特效合成的概念和常用的软件。
- 掌握After Effects CS4的界面及其操作方法。
- 掌握使用After Effects CS4进行影视特效合成的工作流程。

任务一　影视特效亲密接触

任务概述

本任务通过欣赏几部电影片段的特效镜头和电视广告来讲述制作影视特效的幕后功臣——影视特效软件。

1. 影视特效欣赏

做一做

请观看本任务中介绍的几部电影片段及电视广告，找出它们中出现的影视特效镜头或场景。

●电影《阿凡达》　电影《阿凡达》的剧照如图1-1-1所示，该电影片长2小时41分钟，近3 000个特效镜头的《阿凡达》总投资近5亿美元，展现了一个名叫潘多拉星球的奇异世界。影片最大亮点是采用真人拍摄的3D特效，立体感最强，给观众的感觉最真实。

图1-1-1

●电影《变形金刚2》　《变形金刚2》的海报如图1-1-2所示，它投资了1.95亿美元，其中大半都用在了战斗特效的制作上，花费了导演和近300名工业光魔的顶尖设计师的特效团队一年半的制作时间，其数据量达到140TB，刻成的350 000张DVD叠放在一起有45英尺高。《变形金刚2》用视觉特效创造的机器人，匪夷所思的令人叹为观止的战斗场面毫无疑问地成为了绝对主角，电脑特效（CGI）、现场特效、影片后期合成等大量技术的运用成就了这个影片的辉煌。

图1-1-2

●惠普笔记本电脑广告　惠普笔记本电脑广告视频截图如图1-1-3所示。该广告很有创意，展示了一个在镜头前的人边介绍边比划，和动作匹配的介绍内容随之以影像的方式出现在手上。手的动作和影像内容配合得非常的好，这就是特效合成技术的应用之一。

图1-1-3

做一做

请在课余时间上网查询制作影视特效的各种软件，看看它们的界面并记住它们的名字。

2. 影视特效软件的分类

专业的影视特效制作将涉及很多软件的协同使用，一般包括三维软件、合成软件以及跟踪软件。

目前市场上的影视特效合成软件，有价值上百万美元的高档软件，也有供爱好者使用的玩具式的软件。软件的分类方式有很多种，有的从使用平台来分类，也有的从面向的用户来分类，但一般比较倾向于从操作方式的角度把这些软件分为面向流程的合成软件和面向层的合成软件。

●面向流程的软件　它把合成画面所需要的一个个步骤作为单元，每一个步骤都接受一个或几个输入画面，对这些画面进行处理，产生一个输出画面。通过把若干步骤连接起来，形成一个流程，从而使原始的素材经过种种处理，最终得到合成结果。该类软件擅长制作精细的特技镜头，由于流程的设计不受层的局限，因此可以设计出任意复杂的流程，有利于对画面进行非常精细的调整，比较适合于电影特效这类对合成效果要求较高，而制作时间比较充裕的情况。

●面向层的软件　它把合成画面划分为若干层次，每个层次一般对应一段原始素材。通过对每一层进行操作，比如增加滤镜、抠像、调整运动等，使每一层画面满足合成的需要，最后把所有层次按一定的顺序叠合在一起，就可以得到最终的合成画面。本书介绍的After Effects CS4便是面向层的合成软件。此类软件具有较高的制作效率，比较直观，易于上手，制作速度较快，而且对于一般比较简单的合成镜头，可以很清晰地划分画面层次。这类软件比较适合电视节目这类质量要求相对较低，完成时间要求严格的情况。

3．常见的影视特效合成软件

●Digital Fusion　Digital Fusion（如图1-1-4所示）是Eyeon Software公司推出的运行于SGI（一种高性能图形工作站）及Windows NT系统上的一款功能强大、操作简单的专业非线性编辑软件，是许多电影大片的后期合成工具。如《泰坦尼克号》中就大量应用Digital Fusion来合成效果。Digital Fusion具有真实的3D环境支持，是市场上最有效的3D粒子系统。

图1-1-4

●Shake Shake （如图1-1-5所示）是Apple公司推出的主要用于影视制作的行业标准合成与效果解决方案，提供渲染功能。Shake能以更高的保真度，合成高动态范围图像和CG（计算机图形图像）元素。许多荣获奥斯卡奖（Academy Award）的影片都运用Shake来获得最佳视觉效果。

图1-1-5

●Inferon/Flame/Flint Inferno/Flame/Flint（如图1-1-6所示）是领导世界影视后期特效合成的王者，简称IFF。常说的Flame，其中隐含了Inferno和Flint，这三款软件90%的功能和操作方式基本相同，只不过在处理的速度、高端模块和分辨率上面有一些差别。

  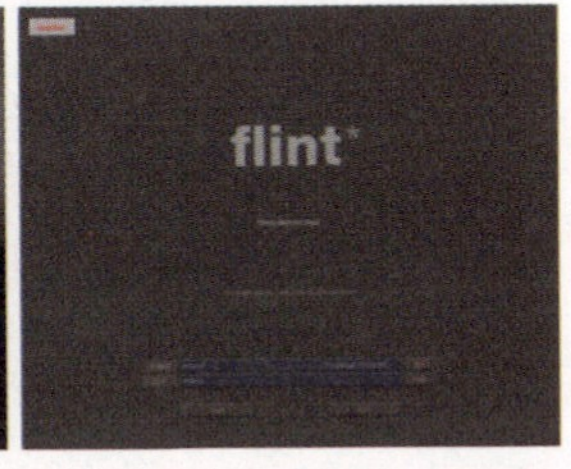

图1-1-6

●Combustion Combustion（如图1-1-7所示）是一款功能强大的特效合成软件，提供了从高档SGI工作站上移植过来的许多高端制作手段，使节目的渲染手段更加丰富。工具包括各种抠像，运动跟踪，颜色调整，基于矢量的无损性的绘画动画，真三维图像合成，网络图像生成等，可同高档工作站共享制作参数，使用户可在桌面平台上制作高档的视觉效果。

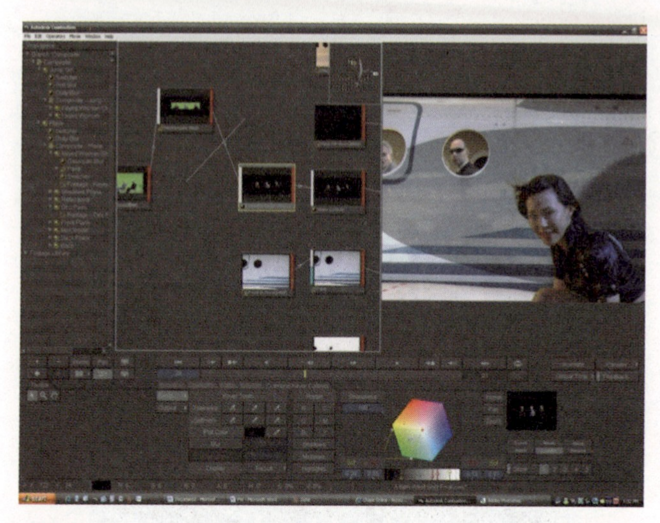

图1-1-7

●After Effects （如图1-1-8所示）是Adobe公司产品，目前最新版本是CS4。该软件简单易用、与Adobe的图形图像软件易于协作以及大量的插件，赢得了众多的拥护者。它借鉴了许多软件的成功之处，将影视后期特效合成提升到了新的高度。After Effects可以对多层的合成图像进行控制，制作出天衣无缝的合成效果；关键帧、路径概念的引入，使After Effects对于控制高级的二维动画如鱼得水；高效的视频处理系统，确保了高质量的视频输出；而令人眼花缭乱的光效和特技系统，更使After Effects能够实现使用者的一切创意。After Effects还保留了与Adobe软件优秀的兼容性，在After Effects中可以方便地调入Photoshop和Illustrator的层文件；Premiere的项目文件也可以近乎于完美的再现在After Effects中。现在，After Effects已经被广泛地应用于数字电视、电影的后期制作中，而新兴的多媒体和互联网也为After Effects提供了宽广的发展空间。

图1-1-8

本书将在后面以实例的形式介绍After Effects CS4的各种功能和操作技巧，让我们一起去感受After Effects CS4带来的神奇的影视特效世界吧。

课后练习

请上网查询After Effects的版本历史，并了解Adobe公司的其他相关产品。

任务二 初识After Effects CS4

任务概述

本任务通过Photoshop CS4和After Effects CS4运行界面的对比来介绍After Effects CS4的启动方法、界面组成以及各面板的功能与操作等知识。

知识窗

Photoshop CS4与After Effects CS4的区别

本书在后面的模块中将After Effects CS4简称为AE CS4，将Photoshop CS4简称为PS4。作为Adobe公司的产品，After Effects与Photoshop有很多相同的地方，包括软件的界面、设计理念、工作流程等。同时After Effects与Photoshop与也有很强的协同操作能力，在Photoshop中做好的图像项目可以直接导入到After Effects中使用，After Effects能自动识别出Photoshop中的图层并加以使用。时间线是After Effects区别于Photoshop的重要标志，通过在时间线上为不同的图层设置关键帧就可以达到制作出动画的效果，所以也通常将After Effects称作是会动的Photoshop。

做一做

①启动Photoshop CS4，新建一个文档并导入“配套光盘/模块一/素材”文件夹中的素材，其界面如图1-2-1所示。观察Photoshop CS4的界面布局，试用一下各种工具，随意对图像素材进行一些简单的操作，保存结果后退出。

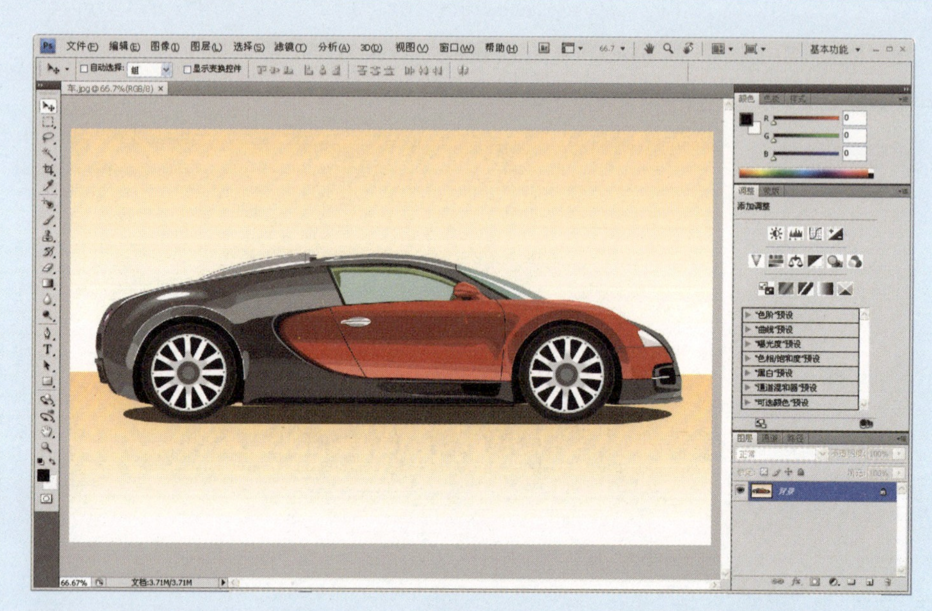

图1-2-1

②启动AE CS4后，执行“File/Browse Template Projects（文件、浏览模板项目）”命令，此时将自动打开Bridge软件并导航到AE CS4自带的模板项目文件夹。Bridge的界面如图1-2-2所示。

图1-2-2

③选中Expo.aet模板项目文件并双击，此时将在AE CS4中打开这个项目，其界面如图1-2-3所示。

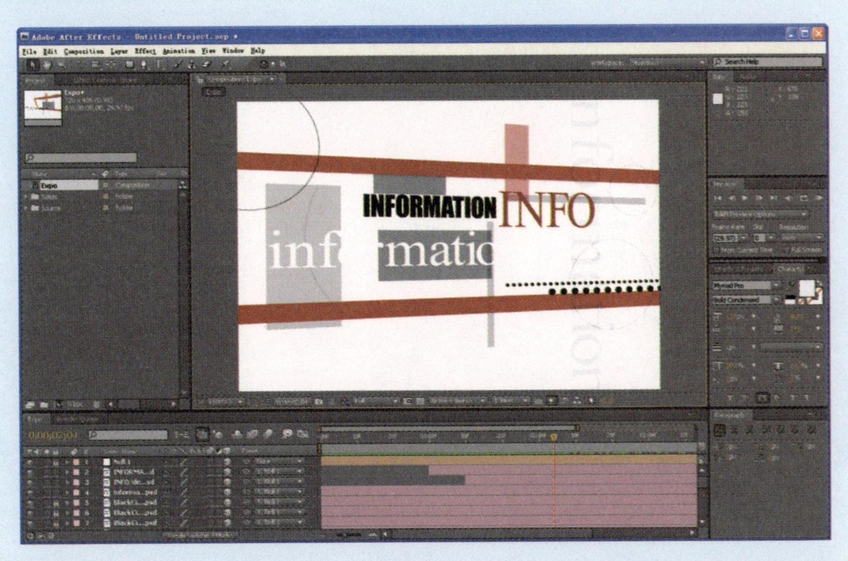

图1-2-3

④由于是模板文件，项目中已经建立了合成并设置了动画，可以拖动时间线上的标尺预览这个动画。图1-2-4所示的便是这个动画中的几幅画面。

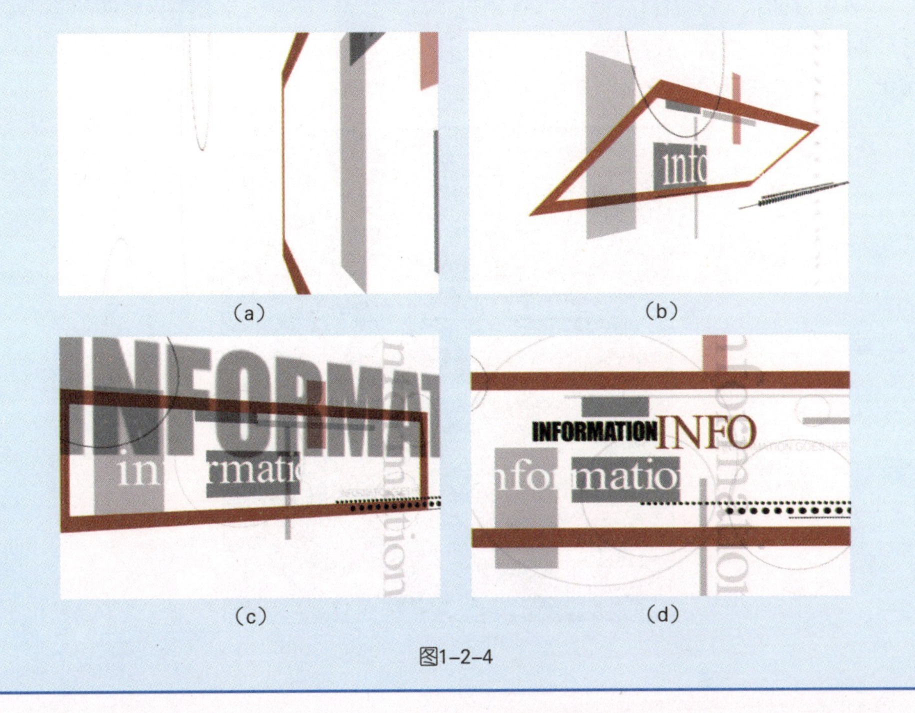

图1-2-4

⑤观察AE CS4的界面布局，试用各种工具，随意对项目中素材进行一些简单的操作，保存结果后退出。

知识窗

AE CS4界面介绍

AE CS4允许用户定制自己喜欢的工作区布局，用户可以根据工作的需要移动和重新组合工作区中的工具箱和面板，下面将介绍AE的工作界面。

●菜单栏　AE CS4提供了9项菜单，包含了软件的全部功能命令，如图1-2-5所示。

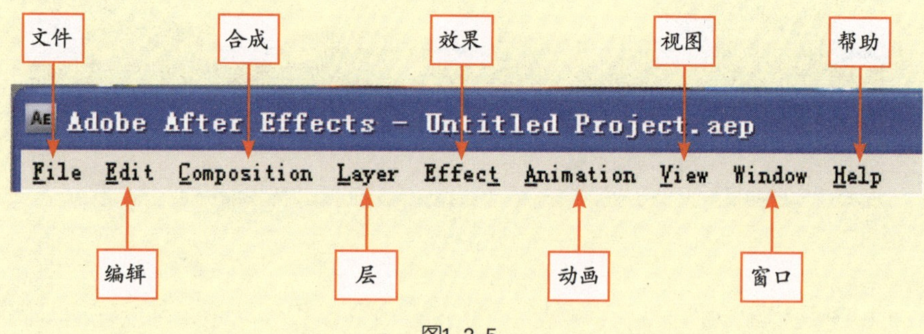

图1-2-5

●项目面板　在项目面板中可看到每个导入到AE CS4中的文件及文件的类型、尺寸、时间长短、文件路径和创建的合成文件、图层等，当选中某一文件时，在项目面板的上部将显示对应的缩略图和属性，如图1-2-6所示。

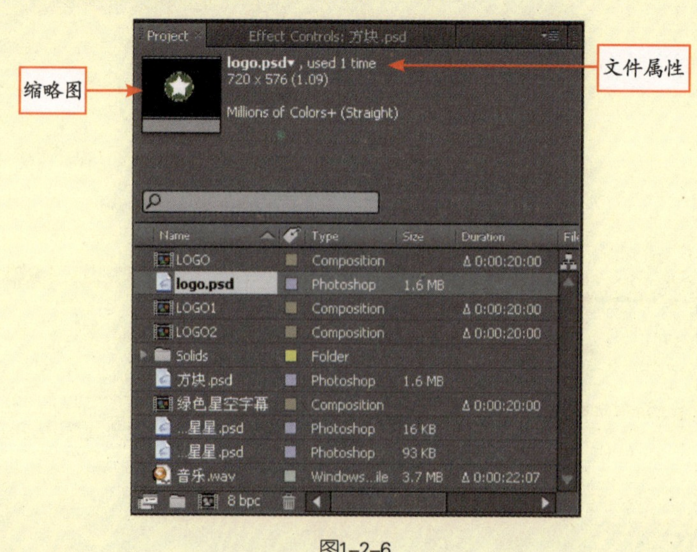

图1-2-6

●工具面板 工具面板中包括了一些常用的工具，有些工具按钮不是单独的按钮，在其右下角有三角标记的都含有多重工具选项，例如在钢笔工具上按住鼠标不放，即会展开新的按钮选项，移动鼠标可进行选择。工具面板中的工具如图1-2-7所示。

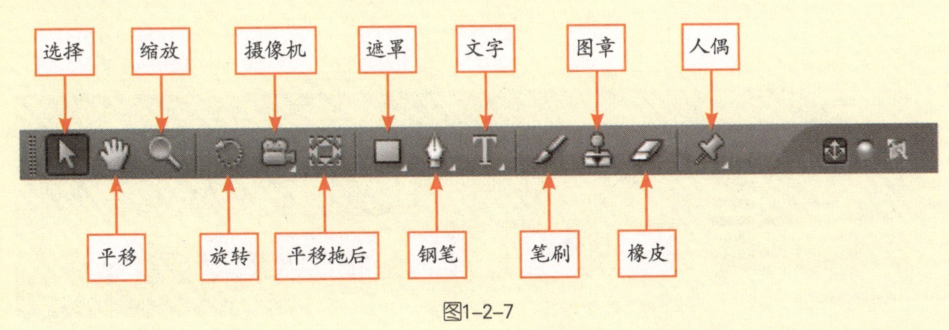

图1-2-7

AE CS4启动后默认的工具是选择移动工具，工具栏的后面出现了和这个工具相关的坐标模式选项，分别是当前坐标系、世界坐标系和视图坐标系。

●合成预览窗口 合成窗口（Composition）显示素材组合特效处理后的合成画面，如图1-2-8所示。该窗口不仅有预览功能，还有控制、操作、管理素材、缩放窗口比例、当前时间、分辨率、图层线框、3D视图模式和标尺等操作功能，是AE CS4中非常重要的工作窗口。

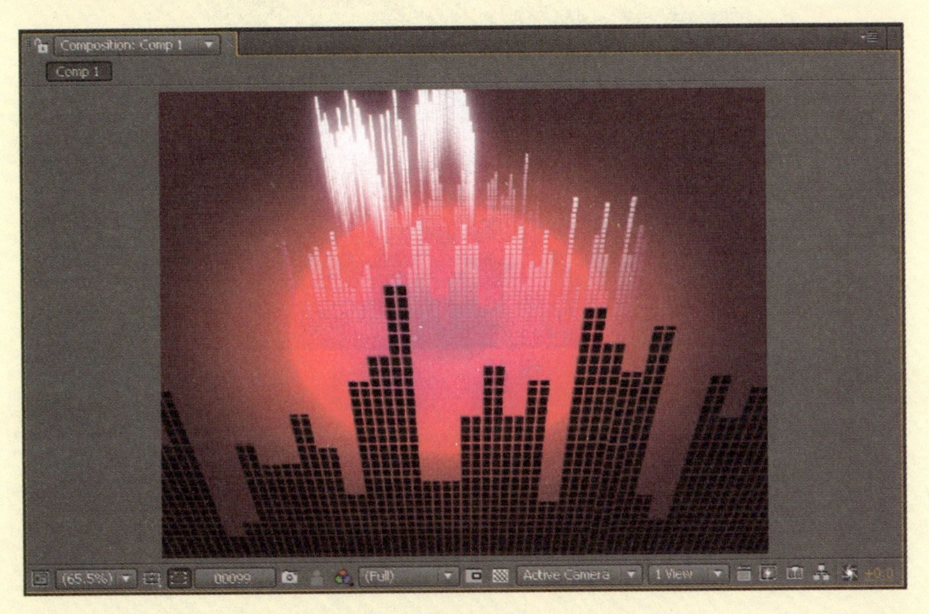

图1-2-8

●时间线面板　时间线面板的主要功能是控制合成中各种素材元素之间的时间关系。在时间线面板中，素材元素是按层排列的，每个层的长度表示它持续的时间，用户可在时间标尺中调整每个层在合成中的任何一点开始In（入点）或结束Out（出点）、显示或隐藏，如图1-2-9所示。

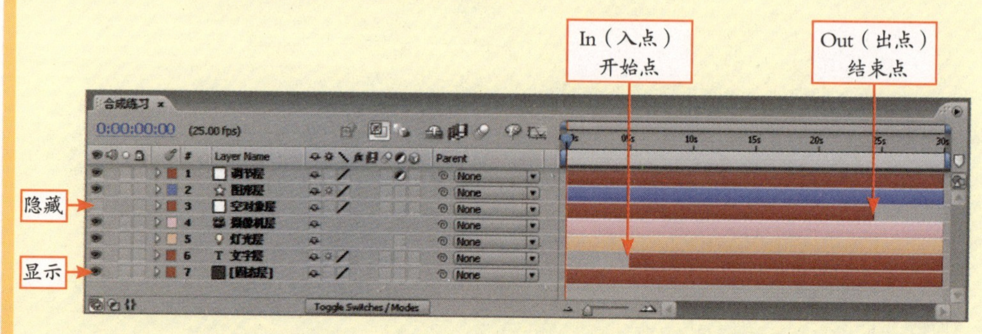

图1-2-9

●播放控制面板　播放控制面板包括播放、逐帧播放、逐帧倒放、回首帧、到末帧以及内存预览等按钮和一些选项设置，如图1-2-10所示。

图1-2-10

AE CS4的面板很多，但常用的主要是以上几种，其余面板将在后续模块中介绍。

课后练习

对比使用AE与Photoshop软件，通过观察软件界面和试用各个工具等方法来找出这两款软件的区别和联系，并将得到的结果填写到下面的表格中。

	Photoshop CS4	AE CS4
区别	1.	1.
	2.	2.
	3.	3.
联系	1.	1.
	2.	2.
	3.	3.

任务三 日出东方——AE基本操作流程

任务概述

本任务通过制作“日出东方”的简单动画来讲述AE CS4制作影视特效的工作流程。

设计效果

打开“配套光盘/模块一/日出东方.wmv”文件，将一轮红日从宁静的山村后面升起，进入白云飘飘的空中动画，图1-3-1是该动画的一幅截图。

图1-3-1

步骤解析

1. 新建项目文件

（1）启动AE CS4软件，显示欢迎对话框，如图1-3-2所示。

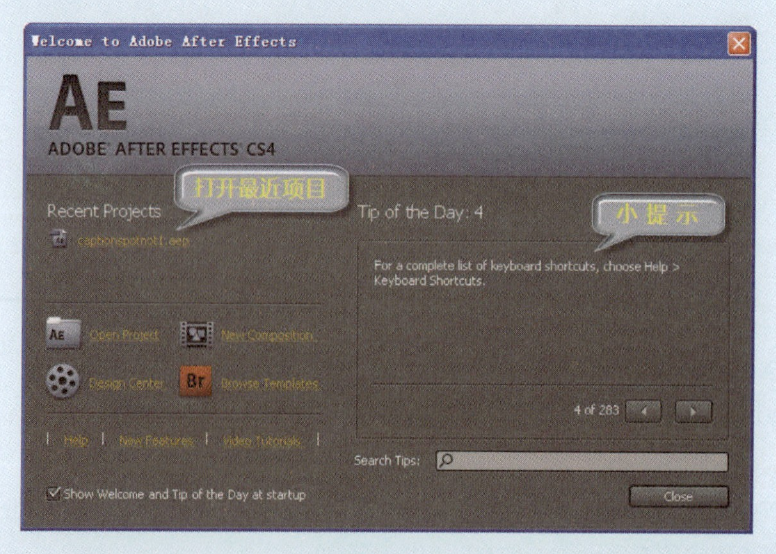

图1-3-2

（2）单击欢迎对话框右下角的 Close （关闭）按钮，进入AE CS4的工作界面。执行“File/Save As（另存为）”命令，弹出“Save As（另存为）”对话框，选择好项目文件保存的位置并输入项目名称“日出东方”，然后单击 保存(S) 按钮。

知识窗

通常启动AE CS4时都会打开图1-3-2所示的对话框，在对话框左边部分列出了最近使用过的项目文件，右边部分随机出现一些实用的小提示，如果不想每次启动AE CS4时都出现对话框，可以将左下方“Show Welcome and Tip of the Day at startup”项前的勾去掉。

2. 新建合成

（1）执行“File/Import/File（导入文件）”（快捷键Ctrl+I）命令，弹出“Import File（导入文件）”对话框，图1-3-3所示。导入“配套光盘/模块一/素材”文件夹下的 “地面.ai”和“白云.ai”文件，然后单击 打开(O) 按钮，将素材导入到AE CS4中。

图1-3-3

（2）执行“Composition/New Composition（合成/新建合成）”（快捷键Ctrl+N）命令，弹出“Composition Settings （合成设置）”对话框，设置如图1-3-4所示的各项参数，单击 OK 完成设置并进入After Effects的工作界面。

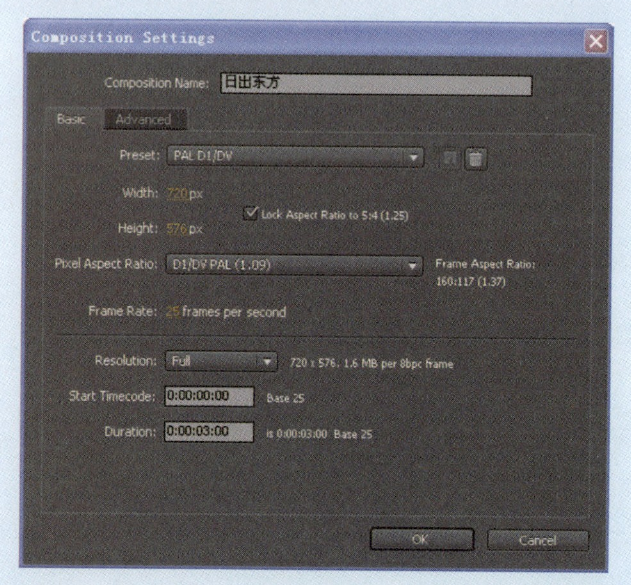

图1-3-4

知识窗

在Composition Settings （合成设置）对话框的各项参数中，Preset（预置）后的下拉菜单中列出了软件预置的视频制式及分辨率。Width（宽）和height（高）分别表示视频的宽和高。Pixel Aspect Ratio表示像素的宽高比。Frame Rate表示帧速率，一般设置为25帧/s。Resolution表示视频的分辨率，有Full（全）、Half（半）、Third（三分之一）、Quarter（四分之一）以及Custom（自定义设置）4个选项。Start Timecode表示该合成的开始时间，0:00:00:00分别表示小时：分：秒：帧。Duration表示该合成的持续时间这个是比较常用的参数，比如要制作的合成的时间长度为5秒，则应设置为0:00:05:00。

3. 绘制蓝天图层并拖入素材

（1）执行“Layer/New/Solid（层/新建/固态层）”命令（快捷键Ctrl+Y），弹出“Solid Setting（固态层设置）”，用来创建固态层。设置如图1-3-5所示的各项参数，单击 OK 完成设置。

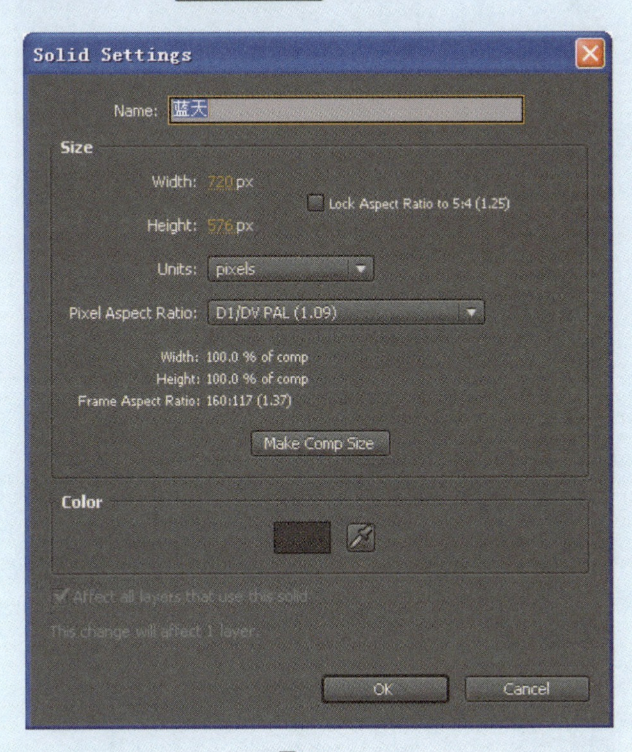

图1-3-5

知识窗

每新建立一个固态层，便会弹出“Solid Settings”（固态层设置）对话框。Name后的文本框可以输入该固态层的名字，方便后面操作中对该固态层的识别。Size表示该固态层的尺寸信息，一般默认。Color中可以调节该固态层的颜色。

（2）在时间线面板中的“蓝天”图层上单击右键，执行“Effect/Generate/Ramp（特效/生成/渐变）”命令，在【Effect Controls：蓝天】面板中设置渐变的起始颜色为天蓝色（#00BAFF），结束颜色为土黄色（#CA9E05），如图1-3-6所示。

图1-3-6

（3）将项目窗口中的“地面”和“白云”素材拖到时间线面板中，如图1-3-7所示。

图1-3-7

4．绘制太阳

（1）在工具栏中选择椭圆工具，将填充颜色Fill选择为红色（#FF0000），Stroke（描边）为2px，如图1-3-8所示。

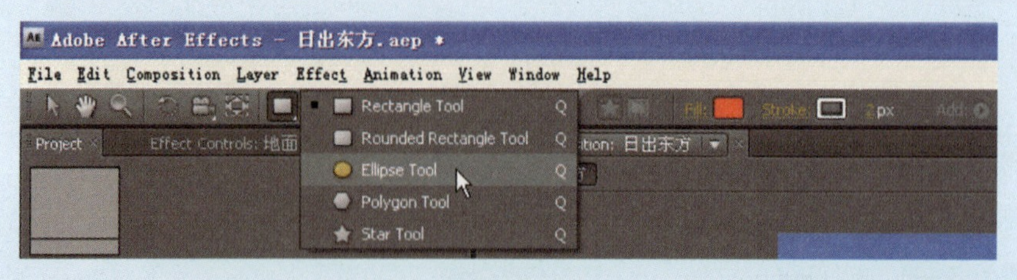

图1-3-8

（2）按住Shift键，在合成窗口中画出一个圆，如图1-3-9所示。

图1-3-9

（3）在时间线面板中，选中刚绘制的圆的图层，按Enter键使该图层的名称进入可编辑状态，输入“太阳”，将图层命名为“太阳”，再次按Enter键确认，如图1-3-10所示。

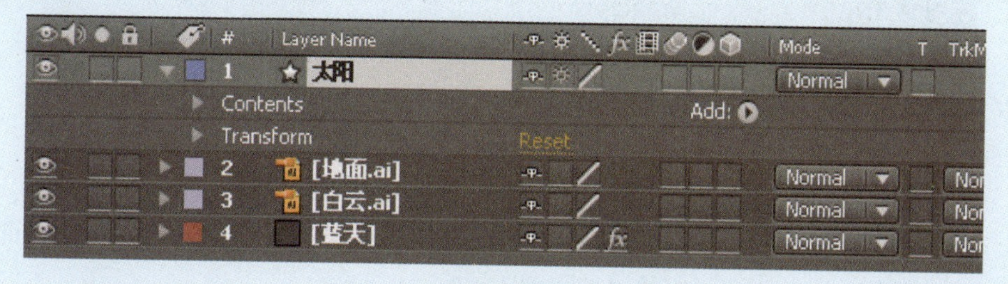

图1-3-10

（4）为了实现白云遮住太阳以及太阳从地平线下升起的效果，需要调整太阳图层在时间线面板中的图层顺序。选中太阳图层，并将其拖至地面及白云图层的下方，图层如图1-3-11（a）所示，合成窗口效果如图1-3-11（b）所示。

（a）

（b）

图1-3-11

5．制作动画

（1）在时间线面板中将时间标尺的游标拖到第一帧，单击选中太阳图层并按P键，此时将在该图层下自动出现位置关键帧属性，如图1-3-12所示。

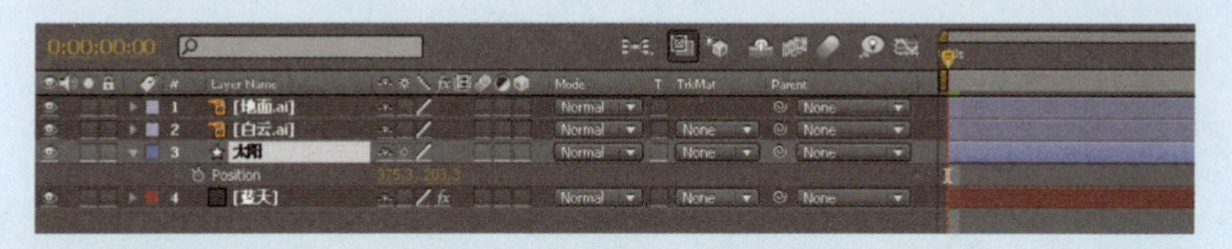

图1-3-12

（2）单击位置关键帧前的秒表图标，在合成窗口中将太阳拖到地平线下，再将时间标尺的游标拖到最后一帧，并在合成窗口中将太阳拖到白云后的位置，此时AE CS4将自动为当前帧添加关键帧，如图1-3-13所示。

图1-3-13

（3）使用同样的方法，制作白云微微飘动的动画。按小键盘中的数字“0”键预览，可看到太阳升起，云彩飘动的动画。

（4）执行“Composition/Make Movie（合成/创建影片）”（快捷键Ctrl+M）命令，弹出“Output Movie To（将影片输出到）”对话框，如图1-3-14（a）所示。输入名称“日出东方成品”，单击 保存(S) 按钮，随后出现“Render Queue（渲染序列）”面板，如图1-3-14（b）所示。

（a）

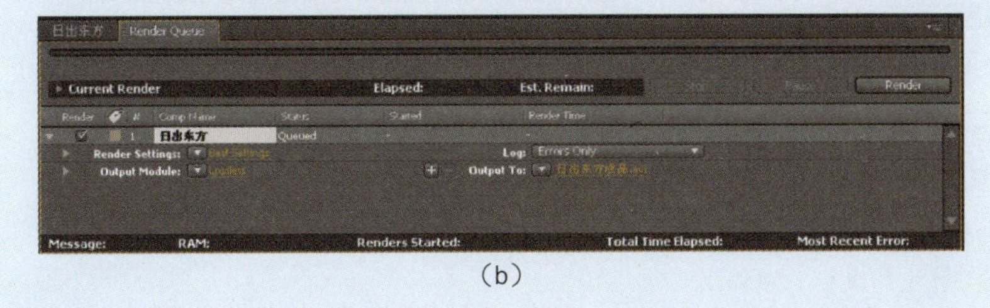

（b）

图1-3-14

知识窗

在Render Queue（渲染序列）面板中，Render Settings表示渲染设置，一般使用默认设置即可。Log表示渲染序列的日志，一般使用默认设置即可。Output Module参数主要是对视频的输出格式及尺寸进行设置，如果需要渲染输出声音，将Audio Output前的选项框勾选即可，如图1-3-15所示。

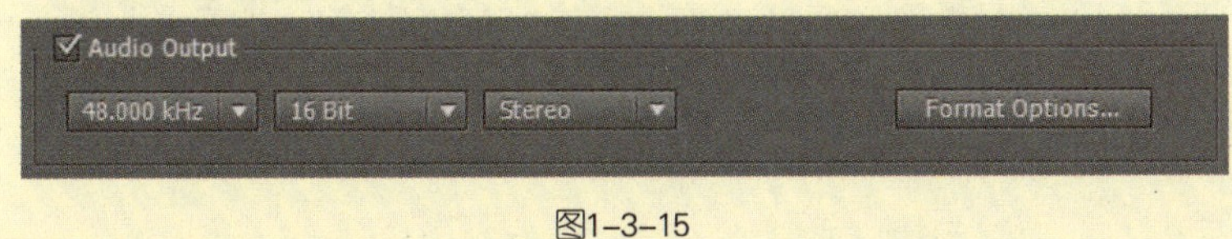

图1-3-15

（5）单击“Render Queue（渲染序列）”面板上的 Render （渲染）按钮将作品输出，输出后就可以使用播放器观看作品了，如图1-3-16所示。

图1-3-16

课后练习

参照本任务中的实例制作太阳从地平线上升起又落下的动画，地面场景及白云可使用AE中提供的工具自己绘制。

二维动画的魅力

模块综述

AE CS4的矢量绘图工具非常强大，它提供了对图形的多元化控制，并且利用独有的人偶系统，可以制作各种复杂的动作。本模块主要介绍AE CS4在矢量画图、人偶动画制作上的相关技术。

学习完本模块后，你将能够：

- 绘制一个简单场景。
- 绘制Q版人物。
- 使用人偶工具制作动画。
- 使用图形工具、人偶工具制作一部动画短片。

任务一　绘制第一个场景——形状图层的用法

任务概述

本任务通过“绘制第一个场景”的实例制作来讲述AE　CS4形状工具的用法、属性的设置方法和形状图层的用法。

设计效果

利用AE　CS4中的形状工具来绘制蓝天、太阳、草地和花朵，完成一个简单场景的绘制。

打开“配套光盘/模块二/绘制卡通背景.aep”文件，将看到如图2-1-1所示的效果。

图2-1-1

步骤解析

（1）按Ctrl+N快捷键新建一个合成，参数设置如图2-1-2所示。

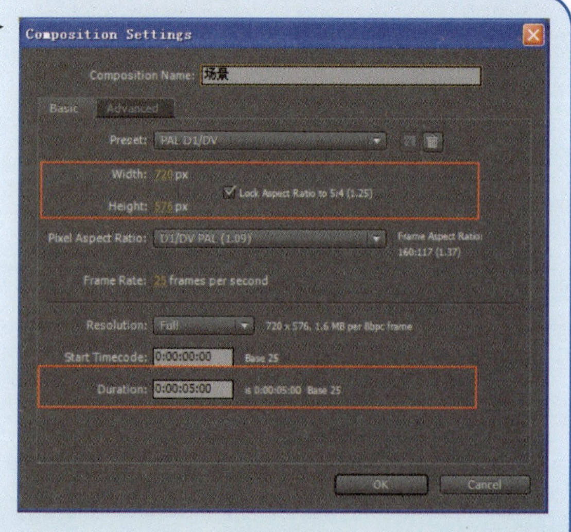

图2-1-2

（2）在工具栏中选择矩形工具，在合成窗口中绘制一个与合成窗口大小一样的矩形。此时会增加一个图层，修改该图层名字为“背景”。选中该图层，单击工具栏上的填充工具，弹出如图2-1-3所示的对话框，选中线性填充，然后单击按纽，如红线框所示。

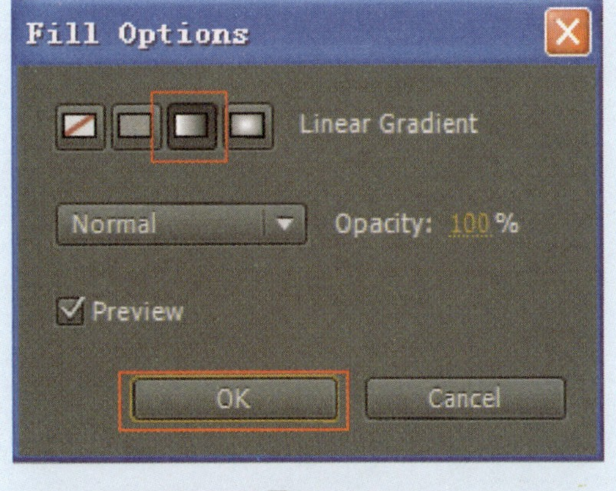

图2-1-3

（3）在工具栏上单击Fill: 后的色块，在弹出的对话框中设置如图2-1-4所示的深蓝（#3E8FEB）到浅蓝（#ACD2F5）的线性渐变。

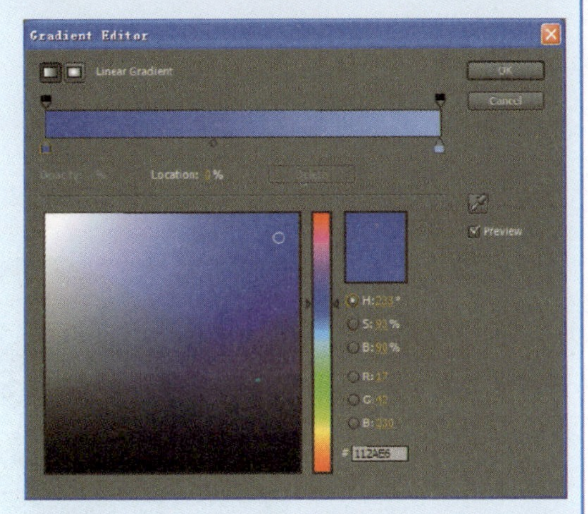

图2-1-4

（4）在合成窗口中双击背景，修改两个调整点的位置改变渐变的方向，最后效果如图2-1-5所示。

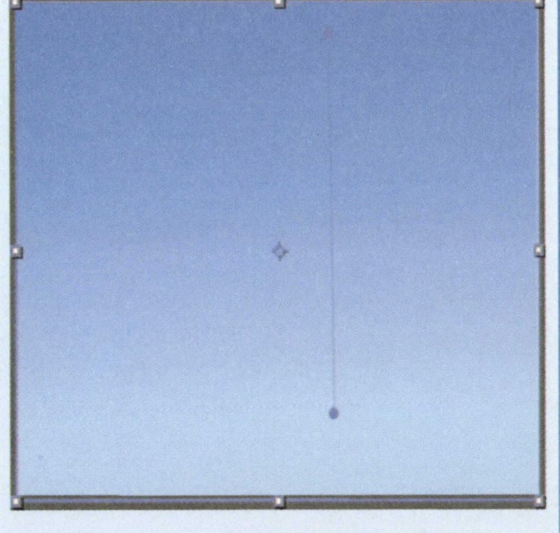
图2-1-5

（5）在不选中背景图层的情况下，选择工具栏中的矩形工具下的工具，在合成窗口中绘制一个五边形。此时会出现一个新的图层，给图层命名为“太阳”。利用如上方法填充一个由深黄（#F47915）为到黄色（#FFB400）的放射渐变。同时调整渐变的方向，其效果如图2-1-6所示。

图2-1-6

（6）在时间线面板中选择太阳层，单击下三角形按钮，按“Contents/Polystar1/polystar Path 1（内容/星形/星形路径）”顺序依次展开， 把Points（顶点数）修改为25，如图2-1-7（a）所示。此时五角星变成25个顶点的图形，效果如图2-1-7（b）所示。

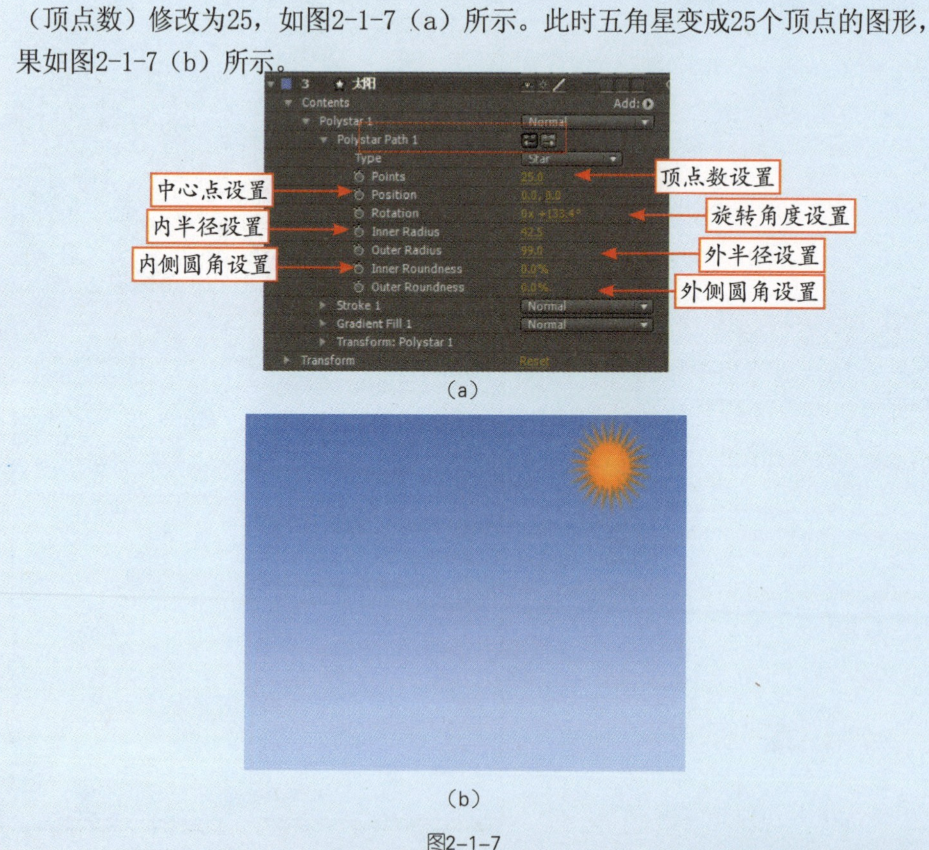

（a）

（b）

图2-1-7

知识窗

本书中通过设置多边形的Points（顶点数）来把普通多边形变成星形，还可以设置多边形的其他参数来制作不同形状的图形。下表是多边形的参数介绍。

多边形工具参数	用 法
Points	改变多边形的顶点数量来改变多边形的形状
Position	改变多边形的中心点的位置
Rotation	改变多边形的旋转角度
Innet Radius	改变多边形的内半径设置来改变多边形内部半径的大小
Outer Radius	改变多边形的外半径设置来改变多边形外部半径的大小
Inner Roundness	外部的顶点不变，内部的顶点进行圆角处理
Outer Roundness	内部的顶点不变，外部的顶点进行圆角处理

除了通过设置多边形的参数来制作各种几何图形外，还可以通过形状图层的Add（添加）属性来设置图形的颜色、路径形状等，灵活运用这些属性将对于制作变幻多端的几何图形大有益处，如图所示。

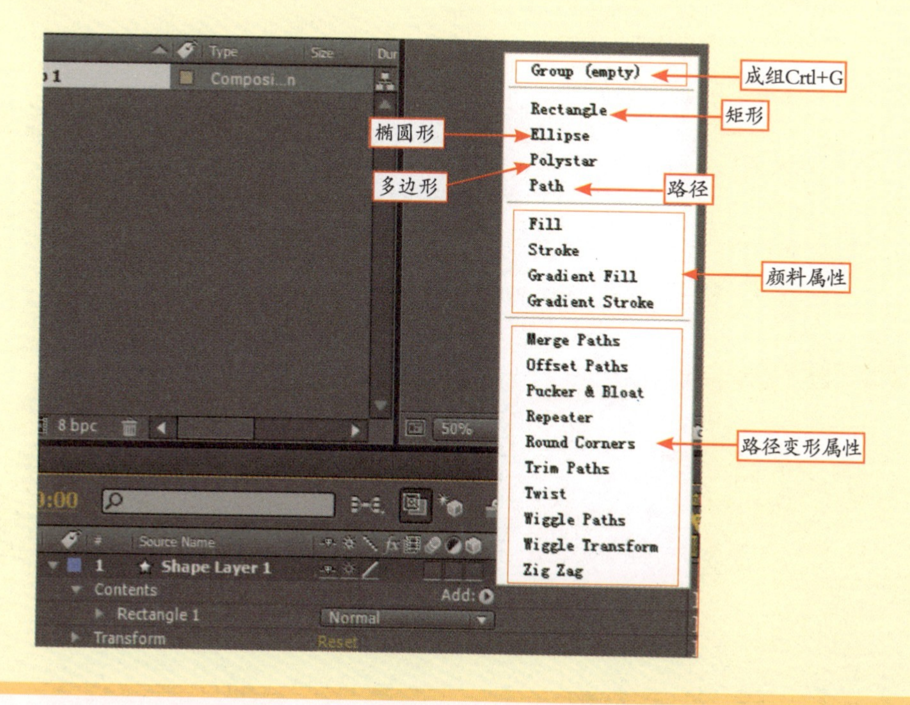

①颜料属性

- Color（颜色） 设置图形内部的填充颜色。
- Stroke 路径填充颜色。
- Gradient Fill 对图像内部填充渐变颜色。
- Gradient Fill 对路径填充渐变颜色。

②路径变形属性

- Merge Paths（合并路径） 将多个路径组合成一个复合路径。
- Offset Paths（路径偏移） 对原始的路径进行绽放操作。
- Pucker&Bloat（折叠和膨胀） 源曲线中向外凸起的部分往里面拉，源曲线中向内凹的部分往外拉。
- Repeater（重复） 为一个形状创建多个形状拷贝，并且为每个应用指定的变换属性。
- Round Corners（圆滑拐角） 对图形中尖锐的拐角进行圆滑处理。
- Trim Paths（修剪路径） 为路径制作生长动画，类似于Write-on滤镜。
- Twist（扭曲） 以开关中心为圆心对开关进行扭曲，值为正数时，扭曲角度按顺时针方式方向。值为负时，扭曲角度为逆时针方向。
- Wiggle Paths 该属性会将路径变成具有各种变化的锯齿形状，并且该属性会自动生成动画效果。
- Zig Zag 将路径变成具有统一形式的锯齿状。

（7）不选中任何图层，使用工具栏中的钢笔工具在合成窗口中绘制一个从深绿（#00FC24）到浅绿（#BFF5AC）的线性渐变草坪形状，并将此图层命名为“草坪”，效果如图2-1-8所示。

图2-1-8

（8）选中草坪层，单击下三角形按钮，然后在图2-1-9（a）所示的Add的下拉菜单中添加Zig Zag1（将路径变成具有统一形式的锯齿状）属性。单击按钮展开Zig Zag1属性，按图2-1-9（b）所示来设置参数值，此时草坪边沿变成了如图2-1-9（c）所示的锯齿状。

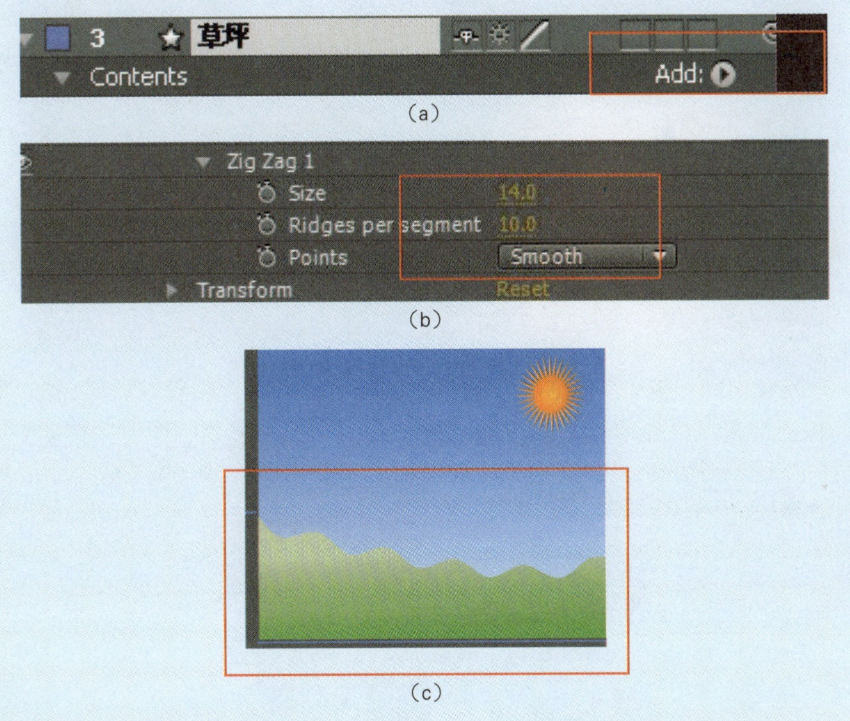

（a）

（b）

（c）

图2-1-9

（9）在合成窗口中绘制一个矩形，此时会增加一个图层，修改图层名称为“红花”，设置颜色值为FF0066。用同样的方法在Add的下拉菜单中添加一个Pucke&Bloat（折叠和膨胀）属性，设置Amount（数量）的值为124，目的是为了图形向内凹陷，此时的矩形就会变成一朵花，效果如图2-1-10所示。

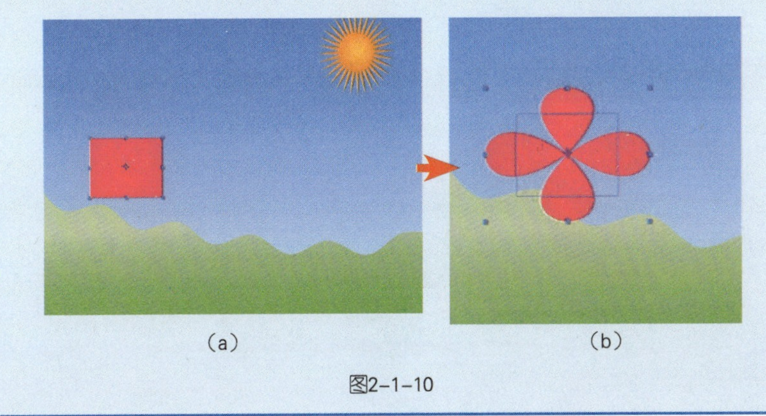

（a）　　（b）

图2-1-10

（10）选中红花层，绘制一个绿色（＃00FC24）的矩形，用上面同样的方法为其添加一个Twist（扭曲）属性，设置Angle（角度）的值为30，此时的矩形会由图2-1-11（a）变为图2-1-11（b）所示的样子。

（a）　（b）

图2-1-11

（11）选中红花层，按S键展开缩放（Scale）属性，设置缩放值为67%。按Ctrl+D快捷键复制红花层，并修改Scale值为20%。选中复制的图层，移动到“草坪”层的下面，这样一朵红花在草坪的上面而另一红朵在草坪的下面，其效果如图2-1-12所示。

图2-1-12

（12）在合成窗口中绘制一个如图2-1-13所示的由浅黄（#DFD80F）到深黄（#F95E00）的星形图案，并将星形图案所在的图层命名为“黄花”。

图2-1-13

（13）选中黄花层，展开到Polystar Path1属性，按图2-1-14（a）所示设置参数值，其效果如图2-1-14（b）所示。

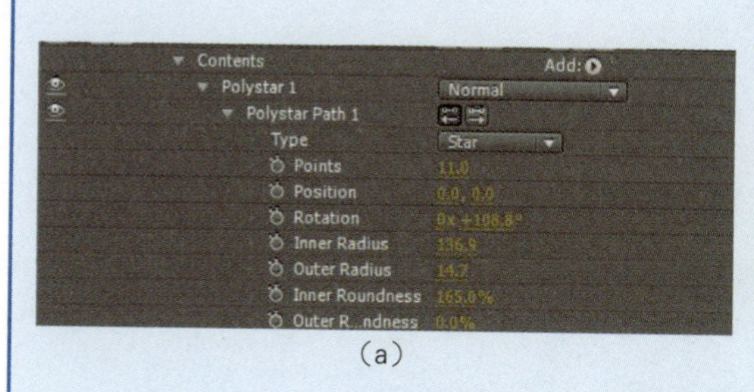

（a）

（b）

图2-1-14

（14）再用制作红花花杆的方法制作黄花花杆，最终的效果如图2-1-15所示。

图2-1-15

（15）按Ctrl+S快捷键保存工程文件，然后按Ctrl+M快捷键渲染输出。

课后练习

参照本任务中的实例制作一个场景，效果如下图所示，要求场景中的所有内容均使用AE CS4的矩形工具绘制完成。

任务二　卡通动漫人物的画法——绘图工具的用法

任务概述

AE CS4能导入绘图软件所制作的图形文件，且本身也能完成一定的绘图功能。本任务通过“Q版人物的绘制”实例来学习钢笔工具的用法，体验AE CS4绘图工具的魅力。

设计效果

利用钢笔工具、填充工具等完成卡通人物的绘制。

打开“配套光盘/模块二/卡通人物的绘制.aep”文件，将看到如图2-2-1所示的效果。

图2-2-1

步骤解析

（1）按Ctrl+N快捷键新建一个时长为2 s（秒），名称为“人物”的合成。

（2）在工具栏中选择钢笔工具，在合成窗口中绘制一个如图2-2-2所示的脸型，此时会增加一个图层，修改该图层的名称为“人物”。

图2-2-2

（3）选中人物图层，使用钢笔工具绘制一个三角形用来作为眉毛，此时在人物图标下会添加一个形状图层，修改形状的名称为“眉毛”，其效果如图2-2-3所示。

图2-2-3

想一想

为什么要选中图层，如果不选中图层会是出现什么情况？

____

____

____

____

（4）选中人物层，利用钢笔工具勾画出眼睛的形状，填充红色（#FA4C00）到黑色（#000000）的渐变，如图2-2-4（a）所示。绘制睫毛，如图2-2-4（b）所示。用复制/粘贴的方法完成眼睛的绘制，最后效果如图2-2-4（c）所示。

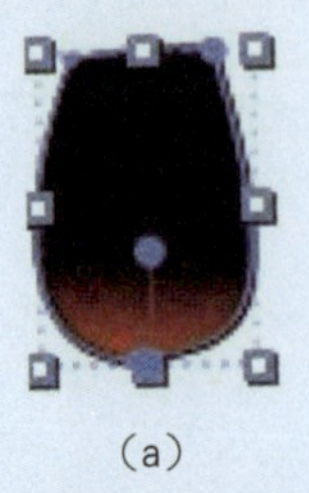

（a）

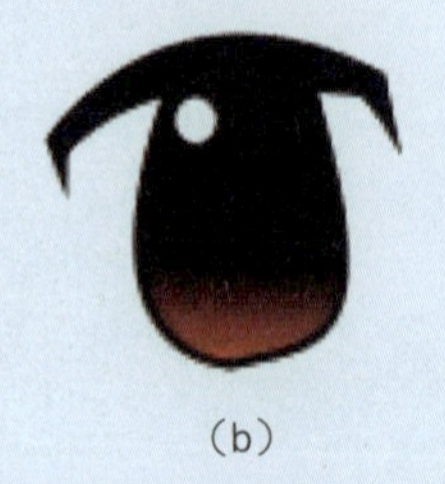

（b）

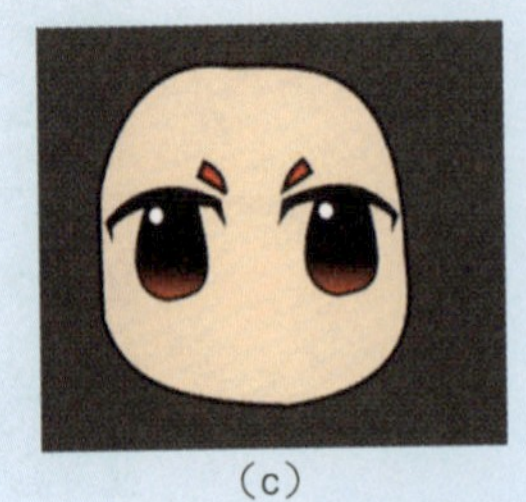

（c）

图2-2-4

（5）使用同样的方法，用钢笔工具绘制帽子、耳朵、嘴、手和身体和脚，效果如下图2-2-5所示。

(a)

(b)

(c)

图2-2-5

（6）为了使人物更可爱，需要为人物添加两个腮红。按Ctrl+Y快捷键新建一个如图2-2-6所示的颜色为红色（＃FF0000）的固态层。

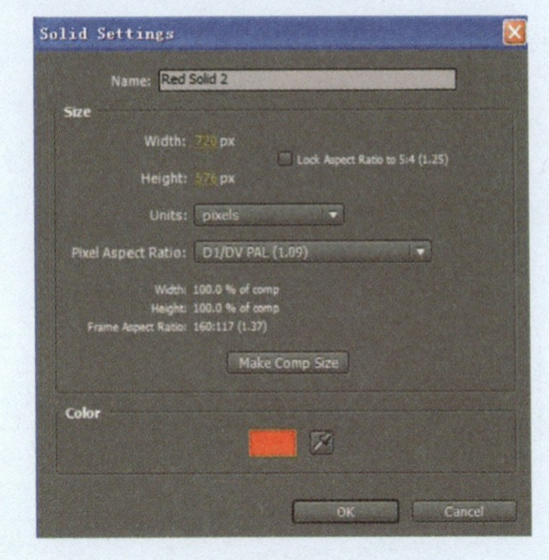

图2-2-6

（7）选中固态层，用圆形工具绘制两个小圆制作蒙板，设置羽化值为20，参数设置如图2-2-7所示。

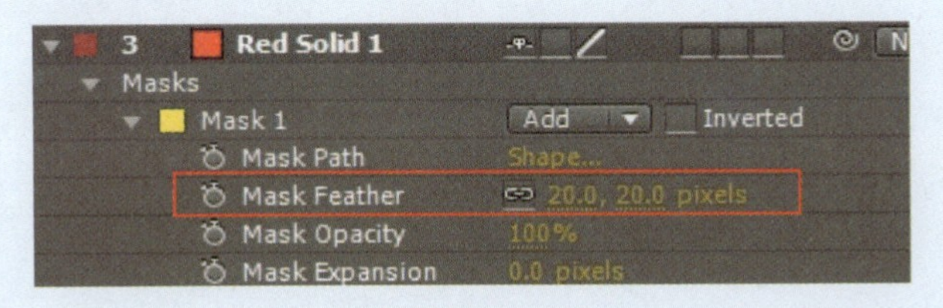

图2-2-7

（8）用上述制作腮红的方法制作脸上的高光，完成Q版人物的绘制，效果为图2-2-8。

图2-2-8

（9）按Ctrl+S快捷键保存工程文件，然后按Ctrl+M快捷键渲染输出。

知识窗

本实例中人物的眼睛、眉毛、脸等都用到图层的Transform（自由变换）属性，灵活掌握该属性下的各子属性用法是制作动画特效的关键，下面是Transform（自由变换）属性的常用参数简介。

名 称	用 法	快捷键
Anchor point （锚点）	定位图层的中心点	A
Position（位置）	变换图层的位置	P
Scale（缩放）	控制图层的尺寸大小	S
Rotation （旋转）	变换图层的旋转角度	R
Opacity（不透明度）	调节图层的不透明度	T

课后练习

参照本任务中的实例，绘制自己喜欢的卡通人物。注意各种绘图工具的用法，同时利用基本工具为对象添加背景。

任务三 制作钓鱼动画——人偶工具的运用

任务概述

人偶动画是AE在7.0版本后又做出了一个大的改进，利用人偶工具能制作很流畅的动作过程，完成某些动作短片的制作。本任务通过人偶工具来制作简单的二维动画。

设计效果

打开“配套光盘/模块二/钓鱼.mov”文件，将看到火柴人钓鱼的动画效果图2-3-1是该动画效果的截图。

图2-3-1

步骤解析

1. 背景制作

①新建一个合成，命名为“人偶动画”，设置合成的格式为PAL D1/DV，合成的长度为5 s（秒）。

②在合成窗口中，使用钢笔工具绘制一个如图2-3-2所示的背景，命名为“山”。并填充为蓝色。

图2-3-2

③在合成窗口中，使用形状图层制作水和架子，其效果如图2-3-3所示。

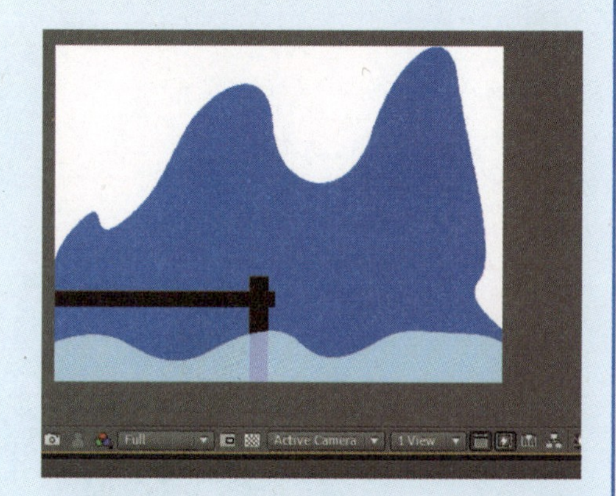

图2-3-3

④在合成窗口中，使用矩形工具、工具在同一图层中绘制一个简单的人物、鱼杆、鱼线和鱼，其效果如图2-3-4所示。

图2-3-4

2. 制作人偶动画

①单击工具栏上的人偶工具，在人物的头部、手部、两只脚、鱼竿顶部、鱼线底部分别设置关节点（图中的黄色点为关节点），如图2-3-5所示。

图2-3-5

知识窗

人偶工具的参数栏如下图所示。

Mesh: ☐ Show Expansion: 3 Triangles: 350

- Show　表示使用网格显示。
- Expansion　修改网格外框扩展或收缩。
- Triangles　参数控制网格的复杂程度。

②记录钓鱼动画。将时间线放到0 s，按住Ctrl键不放，单击某个关节点，例如头部，此时的鼠标变成了秒表的样子。移动关节点（移动关节点就能创建动画），此时时间指针会自动播放，用来录制移动前后的变化。当动画制作完成后，就能看到时间线窗口中有许多记录动画的关键帧。

由于动画不是由一个关节点决定的，所以需要重回到0 s对其他关节点进行运动记录，效果如图2-3-6所示。

图2-3-6

③按Ctrl+S快捷键保存工程文件。

④按Ctrl+M快捷键渲染输出，也可以执行“File/Export/Adobe Flash（SWF）（文件/输出/Adobe flash）”命令，按SWF文件格式的输出，如图2-3-7所示。

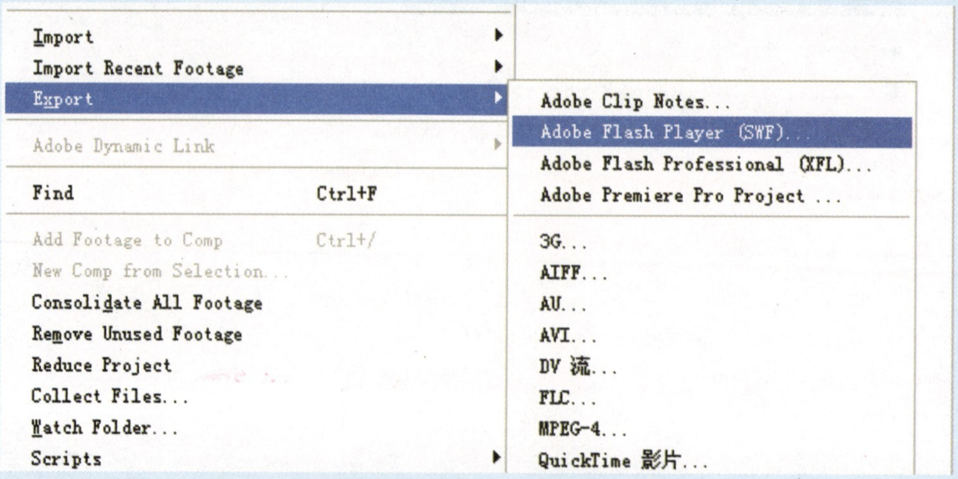

Import
Import Recent Footage
Export
Adobe Dynamic Link
Find Ctrl+F
Add Footage to Comp Ctrl+/
New Comp from Selection...
Consolidate All Footage
Remove Unused Footage
Reduce Project
Collect Files...
Watch Folder...
Scripts

Adobe Clip Notes...
Adobe Flash Player (SWF)...
Adobe Flash Professional (XFL)...
Adobe Premiere Pro Project ...
3G...
AIFF...
AU...
AVI...
DV 流...
FLC...
MPEG-4...
QuickTime 影片...

图2-3-7

课后练习

参照本任务中的实例，利用人偶工具完成“配套光盘/模块二/练习/跳舞.mov”文件的动画制作，下图是几幅关键帧的截图。

After Effects 中的文字效果

模块综述

文字在视频制作中不仅担负着标题、说明性的文字任务，还单独作为包装元素出现，丰富观众的眼球，传递着重要信息。本模块主要讲述系统自带的文字动画、路径文字动画、文字图层的Animate（动画）属性动画和滤镜文字动画等知识。

学习完本模块后，你将能够：

- 制作打字动画。
- 制作路径文字动画。
- 制作图层的Animate属性动画。
- 制作丰富多彩的文字效果。

任务一 打字动画——系统自带特效文字的应用

任务概述

AE CS4在文字方面提供了一些默认效果供用户选择。本任务通过打字效果实例的制作来学习调用AE CS4系统自带的文字效果。

设计效果

打开“配套光盘/模块三/打字动画/打字动画.mov”文件，将看到文字逐个出现到画面中的动画效果，图3-1-1所示的是该动画的截图。

图3-1-1

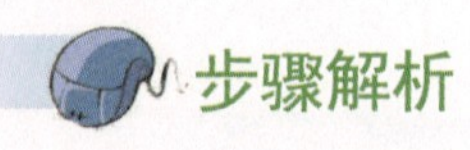

步骤解析

（1）启动AE CS4软件，按Ctrl+N快捷键新建一个5 s的合成文件，命名为“打字效果”。

（2）按Ctrl+I快捷键导入“配套光盘/模块三/打字动画/1.jpg”文件。在合成窗口中按Ctrl+Alt+F快捷键使素材的大小和合成窗口大小相匹配，最后效果如图3-1-2所示。

图3-1-2

（3）在工具栏中选择文字工具T，在合成窗口中输入如图3-1-3所示的红色（#FF0000）文字。

图3-1-3

（4）执行“Animation/Browse presets（动画/浏览预设）”命令，调用Adobe Bridge CS4程序，按“Text/Multi-Line（文本/多行）”路径选择文件夹，然后双击Word process（打字效果）项，为文字添加打字效果，如图3-1-4所示。

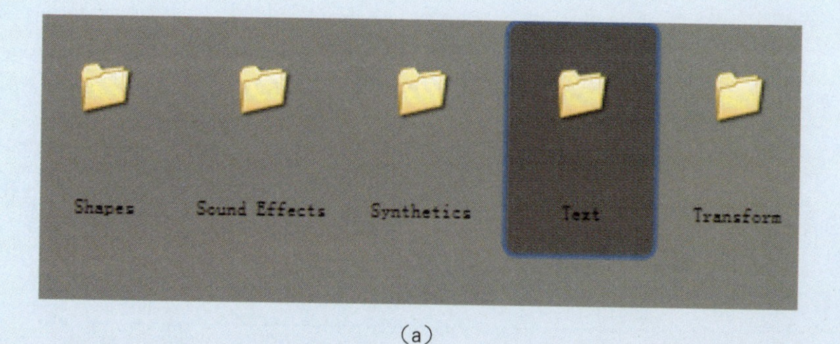

（a）

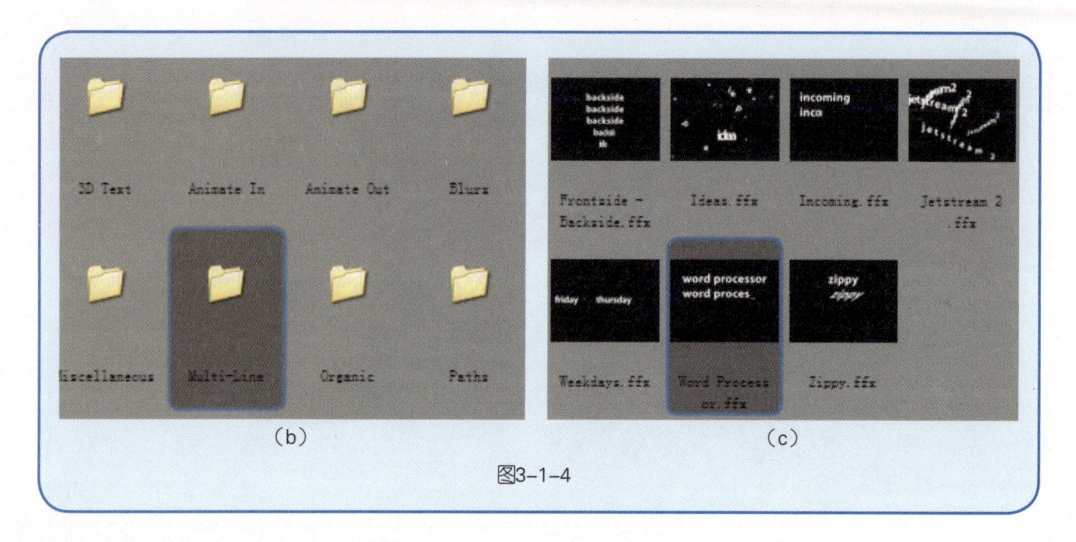

（b）（c）

图3-1-4

知识窗

AE CS4自带了许多文字效果，存放在了Text（文字）文件夹中，每个子文件夹内都有文字效果，利用这些自带的文字效果可以制作一些很复杂的文字动画效果。

（5）在时间线面板中展开文字图层的属性，选中Effects（特效）下的Type_on（打字）的Slider（滑块）属性，此时它有两个关键帧，调整第二个关键帧的值来改变打字出现的频率，参数设置及效果如图3-1-5所示。

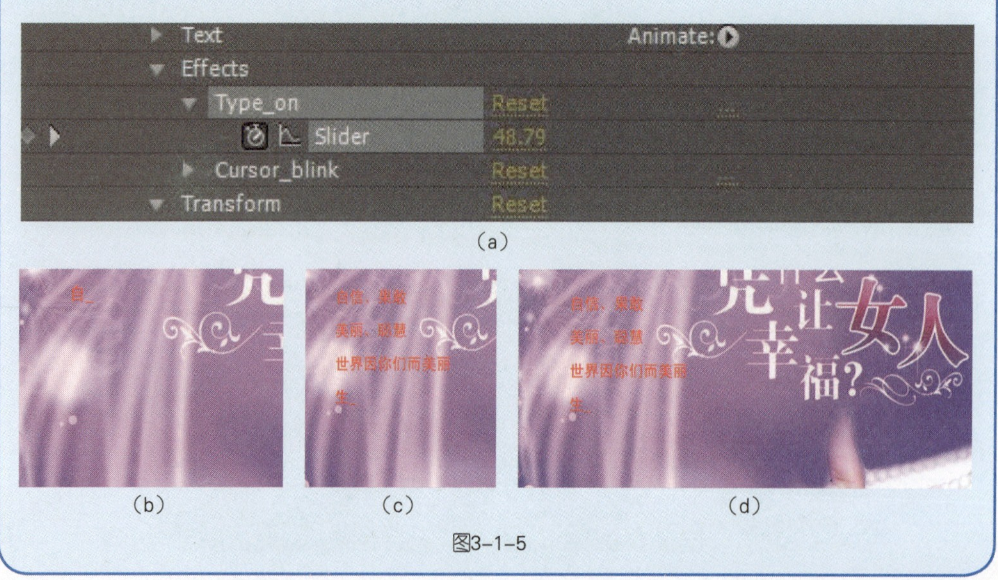

（a）

（b）（c）（d）

图3-1-5

（6）按Ctrl+S快捷键保存工程文件，然后按Ctrl+M 快捷键渲染输出。

课后练习

完成“配套光盘/模块三/练习/自带文字特效.mov”文件的动画制作。

任务二　文字排排走——路径文字的制作

任务概述

本任务通过“文字排排走”实例的制作来掌握路径文字的制作方法，体会AE CS4在文字的制作方面特别技巧。

设计效果

打开“配套光盘/模块三/路径文字/路径文字.wmv”文件，将看到如图3-2-1所示的动画效。

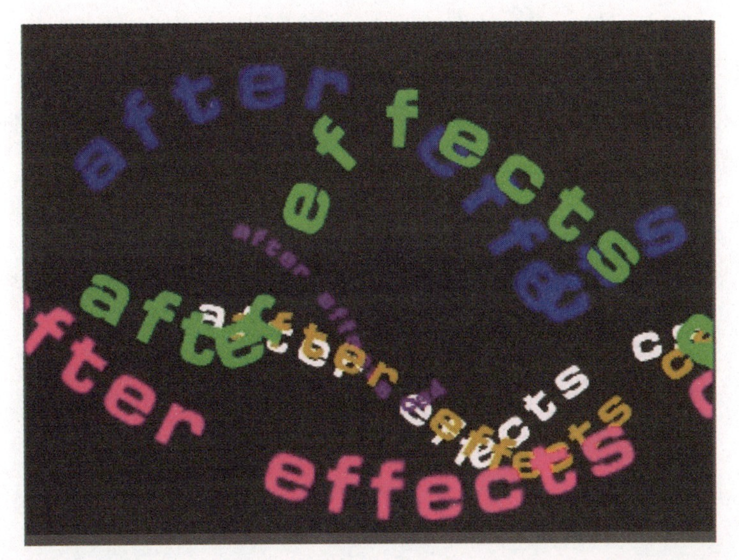

图3-2-1

步骤解析

（1）按Ctrl+N快捷键新建一个5 s的PAL D1/DV格式的合成，命名为“路径文字”。

（2）在工具栏中选择文字工具，在合成窗口中输入如图3-2-2（a）所示的文字，字体为Impact，颜色白色（#FFFFFF）参数设置如图3-2-2（b）。

after effects cs4

（a）

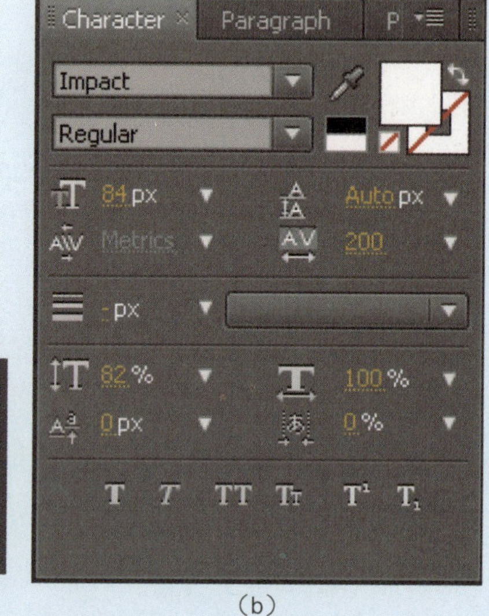

（b）

图3-2-2

（3）在工具栏中选择钢笔工具，在合成窗口中绘制一条如图3-2-3所示的曲线。

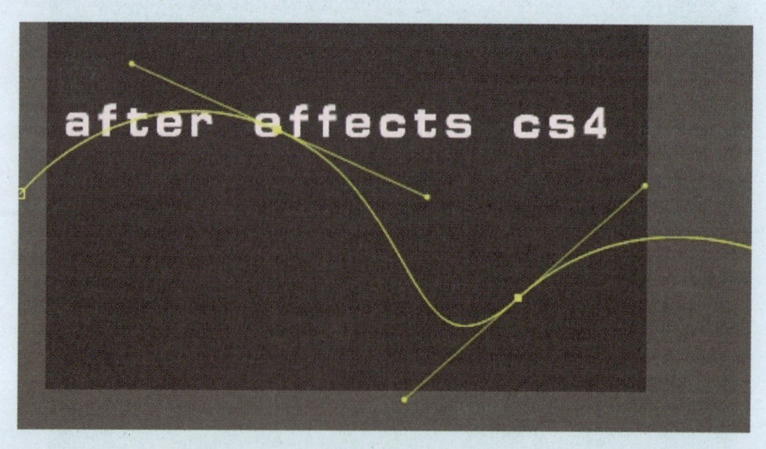

图3-2-3

（4）在时间线面板中，展开到文字图层的属性，在Path（路径）参数的下拉列表中选择Mask1项，如图3-2-4（a）所示；让文字按照一定的顺序排列在路径上，参数设置及效果如图3-2-4（b）所示。

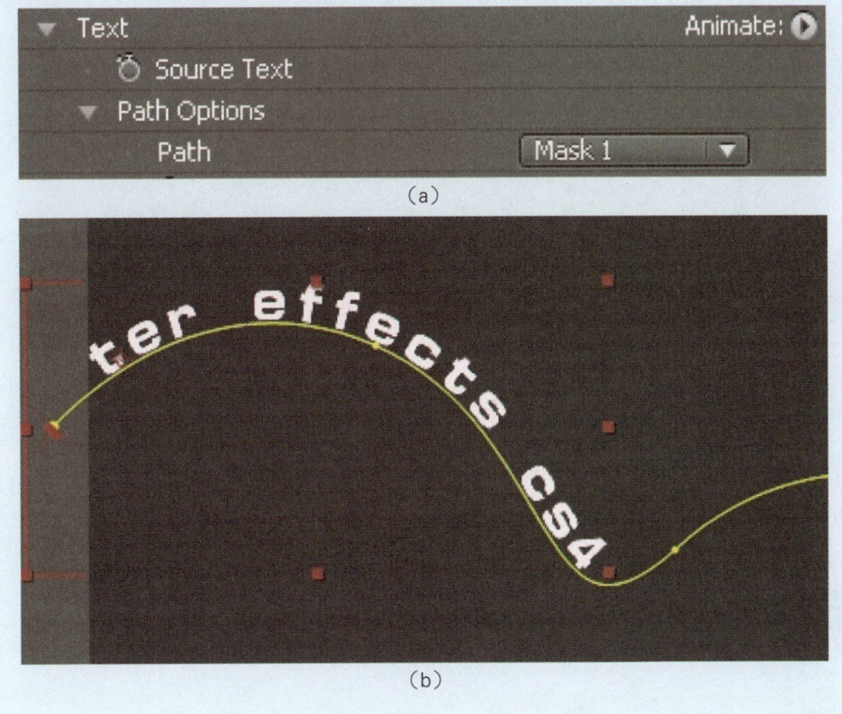

（a）

（b）

图3-2-4

（5）在时间线面板中，单击First Margin参数（第一个文字相对于路径起点的位置，单位是像素）前面的跑表图标，在时间0:00:00:00处设置First Margin的数值为900.0，如图3-2-5（a）所示。在0:00:04:24处设置First Margin数值为-655.0，如图3-2-5（b）所示，实现文字从右向左移动。 设置后的效果如图3-2-5（c）所示。

Path Options
Path Mask 1
Reverse Path Off
Perpendicular To Path On
Force Alignment Off
First Margin 900.0

（a）

Force Alignment Off
First Margin -655.0
Last Margin 0.0

（b）

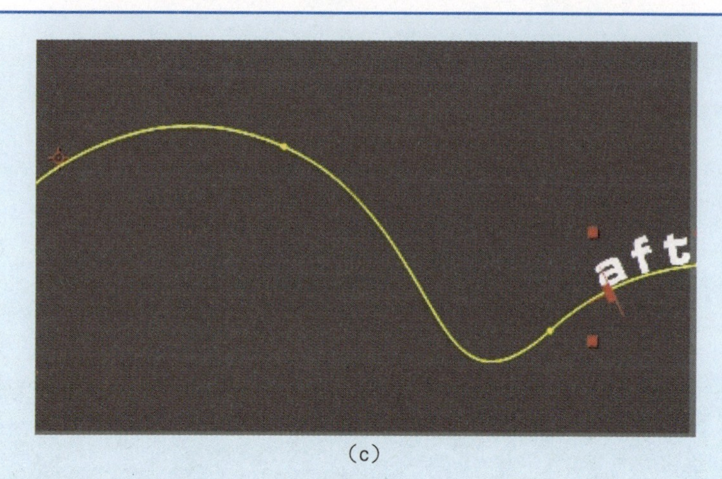

（c）

图3-2-5

（6）在时间线面板中选择文字图层，按Ctrl+D快捷键复制出多个相同的文字路径。修改文字的路径和First Margin中的值使文字运动路径和位置各不相同。同时还可以在Transform（变换）属性中修改每个文字层的文字大小以及文字的颜色等，使其文字有更好的效果。

（7）按Ctrl+S快捷键保存工程文件,然后按Ctrl+M快捷键渲染输出。

课后练习

参照本任务中的实例制作路径文字动画，注意掌握参数对效果的影响。

任务三　飞舞的文字——文字Animate属性的应用

任务概述

本任务通过“飞舞的文字”动画制作来讲述文字图层的Animate属性的应用。该方法不仅能制作文字动画、修改文字颜色和大小，还可利用其缩放属性完成音阶的制作。

设计效果

打开“配套光盘/模块三/飞舞的文字/飞舞的文字.mov”文件，将看到文字飞舞的动画效果，图3-3-1是该动画的截图。

图3-3-1

步骤解析

（1）按Ctrl+N快捷键新建一个合成，其参数设置如图3-3-2所示。

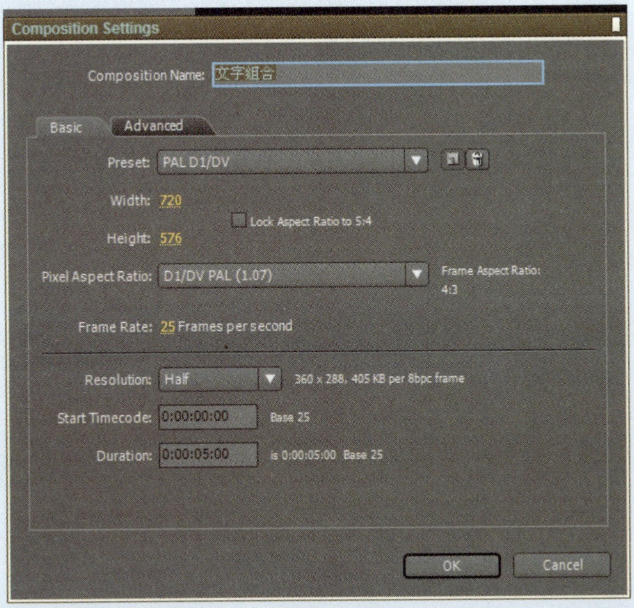

Composition Settings
Composition Name: 文字组合
Basic　Advanced
Preset: PAL D1/DV
Width: 720
Lock Aspect Ratio to 5:4
Height: 576
Pixel Aspect Ratio: D1/DV PAL (1.07)
Frame Aspect Ratio: 4:3
Frame Rate: 25 Frames per second
Resolution: Half　360 x 288, 405 KB per 8bpc frame
Start Timecode: 0:00:00:00　Base 25
Duration: 0:00:05:00　is 0:00:05:00 Base 25
OK　Cancel

图3-3-2

（2）按Ctrl+Y快捷键新建一个固态层，执行“Effect/Generate/ Ramp（特效/创建滤镜/渐变）”命令，为固态层添加渐变特效，其参数设置如图3-3-3所示。

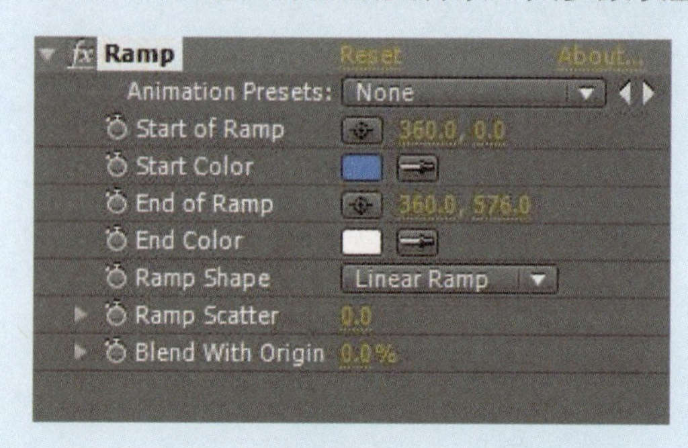

图3-3-3

（3）在工具栏中选择文字工具T，具体参数设置如图3-3-4（a）所示，然后在合成窗口输入如图3-3-4（b）所示的文字。

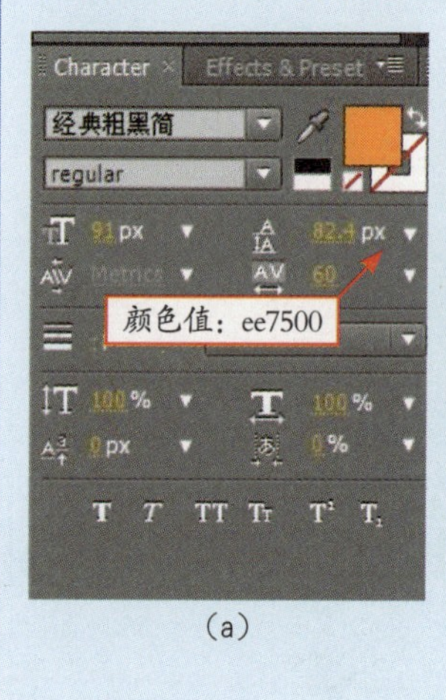

（a）

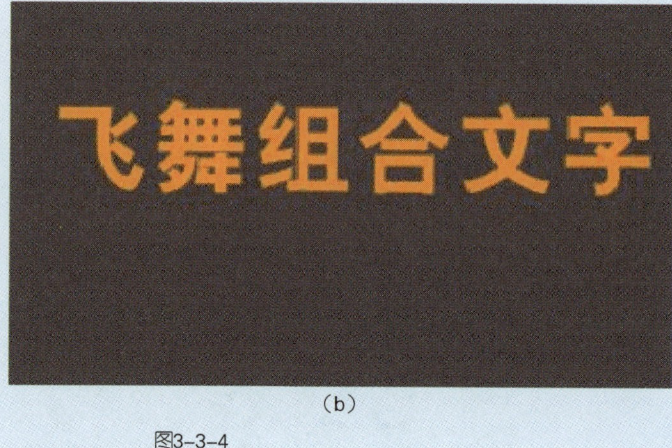

（b）

图3-3-4

知识窗 字符面板参数介绍

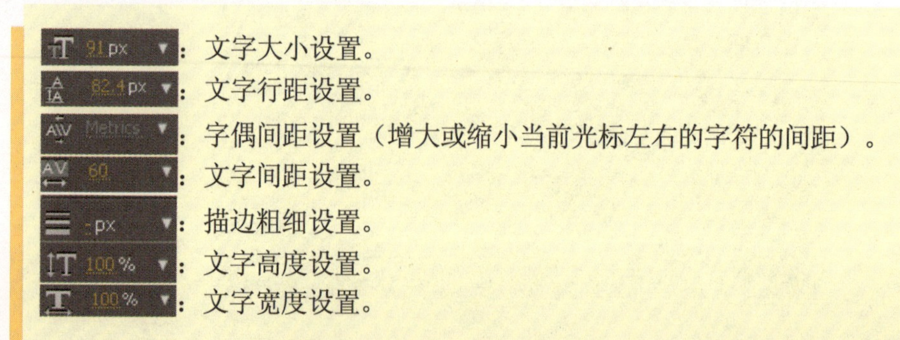

：文字大小设置。

：文字行距设置。

：字偶间距设置（增大或缩小当前光标左右的字符的间距）。

：文字间距设置。

：描边粗细设置。

：文字高度设置。

：文字宽度设置。

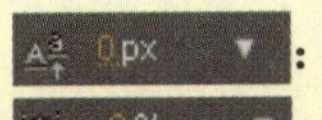：文字基线设置。

比例间距设置。

粗体、斜体、强制大写设置。

强制大写但区分大小设置、文字上下标设置。

（4）执行“Effect/Perspective”（特效/透视）下的“ Bevel Alpha（Alpha倒角）”和“Drop Shadow（投影）”命令，使用两个滤镜增加立体感和投影效果，设置如图3-3-5（a）所示的参数，文字效果如图3-3-5（b）所示。

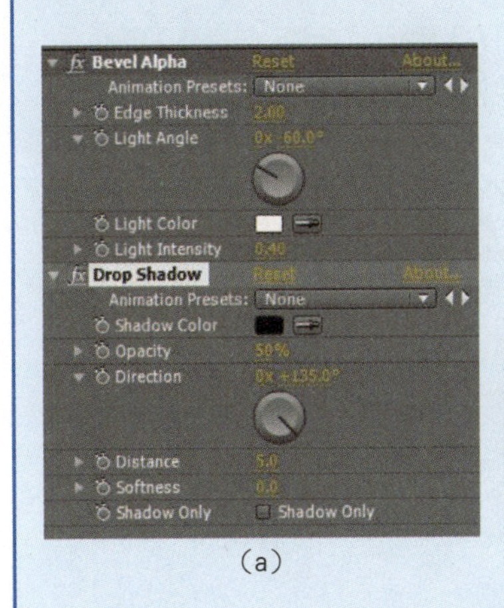

（a）

飞舞组合文字

（b）

图3-3-5

（5）在时间线面板中展开“飞舞组合文字”层属性，然后在图3-3-6所示的Animate（动画）的下拉菜单中选择“Anchor Point（锚点）”属性。

图3-3-6

（6）此时会添加一个Animator 1属性，展开Animator 1，设置Anchor point锚点的值为0、-30，如图3-3-7所示。

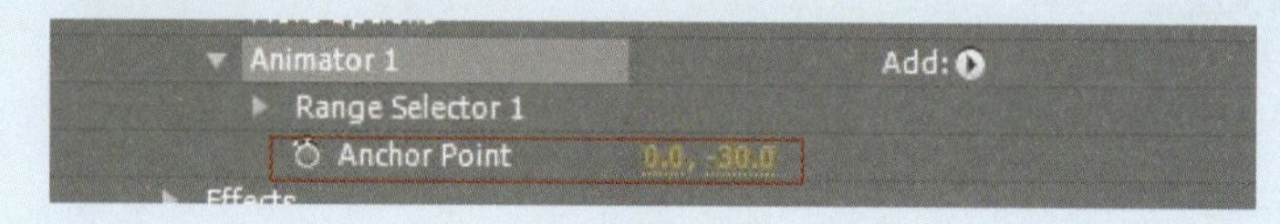

图3-3-7

（7）再为文字层添加一个Animator 2属性。单击Animator 2后的Add按钮，在Add的下拉菜单中选择Selector/Wiggly（选择器/摇摆）属性，如图3-3-8（a）所示。展开Wiggly Selector 1属性，设置Wiggles/second（摇摆频率）的值为0，Correlation（关联）的值为73，如图3-3-8（b）所示。

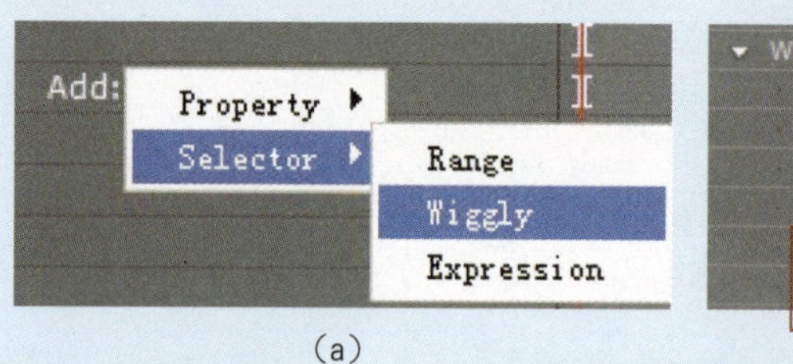

（a）

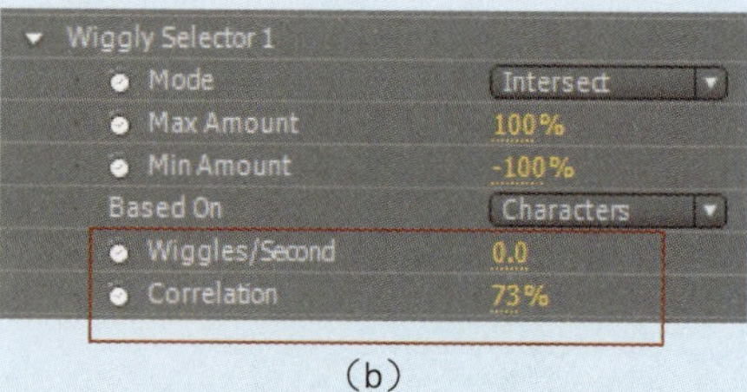

（b）

图3-3-8

（8）再次单击Animator 2后的Add按钮，分别添加Position（位置）、Scale（缩放）、Rotation（旋转）、Fill Color/Hue（填充颜色/色相）4个属性。将时间线定位在0:00:03:00处，单击这4个选项前面的跑表图标，为其添加关键帧，设置的参数和文字效果如图3-3-9所示。

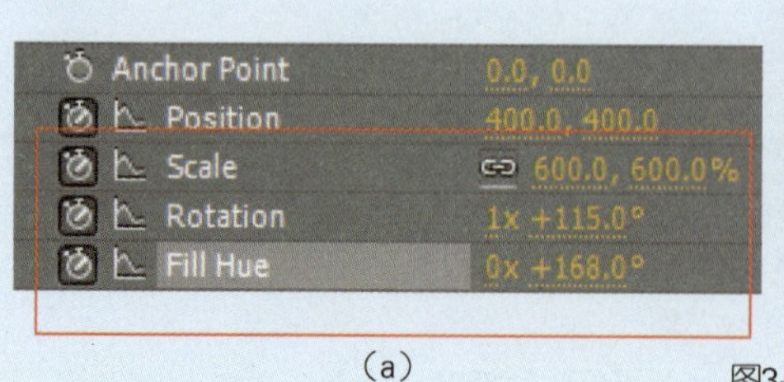

（a）

（b）

图3-3-9

（9）将时间线定位在0:00:04:00处，分别设置Position（位置）、Scale（缩放）、Rotation（旋转）、Fill Hue（填充色相）的参数，如图3-3-10所示，表示文字不发生任何的变化，即动画在此时停止。

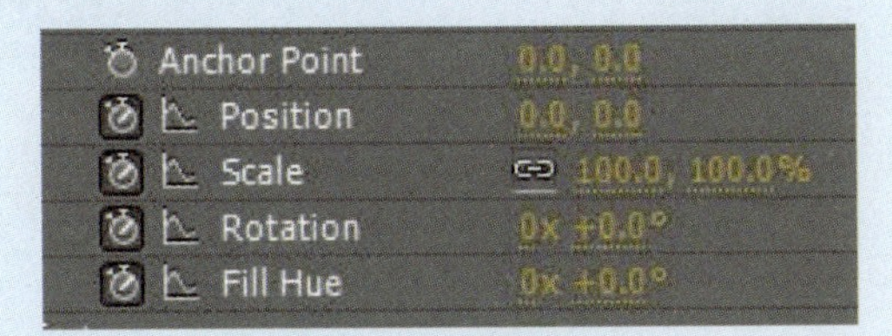

图3-3-10

（10）展开Animator 2 后的Wiggly Selector 1（摇摆选区）属性，在0 s的位置设置如图3-3-11所示的参数值，并单击秒表添加关键帧。

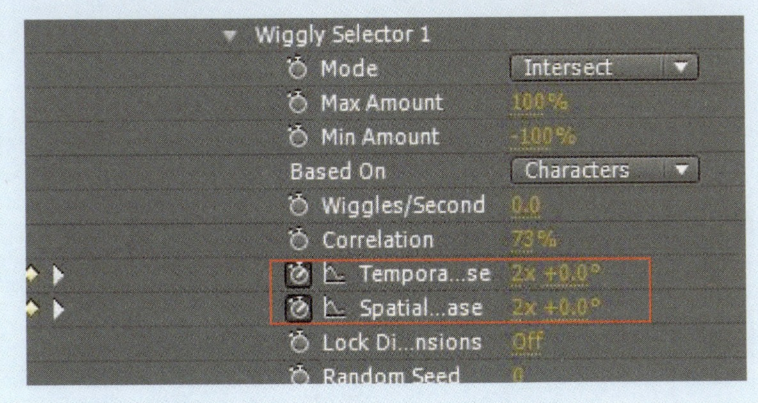

图3-3-11

（11）将时间线定位在0:00:01:00处，参数设置及及效果如图3-3-12所示。

Tempora...se	2x +200.0°
Spatial...ase	2x +150.0°
Lock Di...nsions	Off
Random Seed	0

（a）

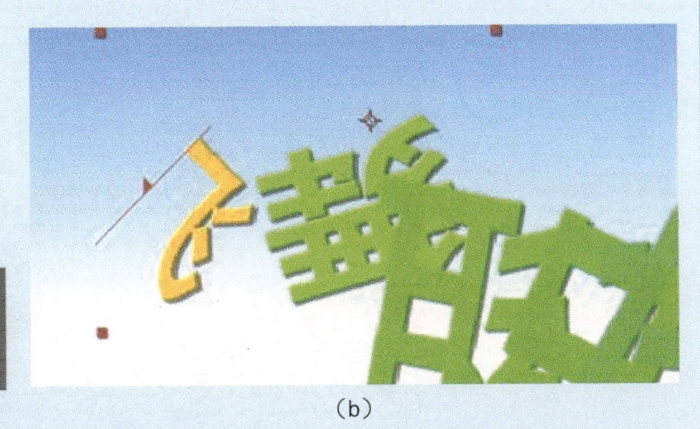

（b）

图3-3-12

（12）将时间线分别定位在0:00:02:00、0:00:03:00处，参数设置及效果如图3-3-13（a）、（b）所示。

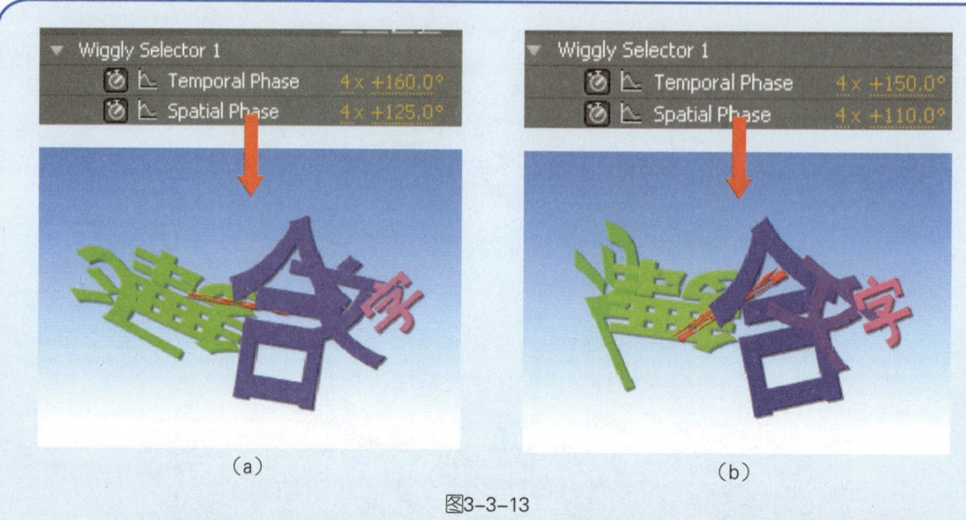

（a）　（b）

图3-3-13

（13）在时间线面板中，单击飞舞组合文字图层右边的运动模糊开关，添加运动模糊效果，如图3-3-14所示。

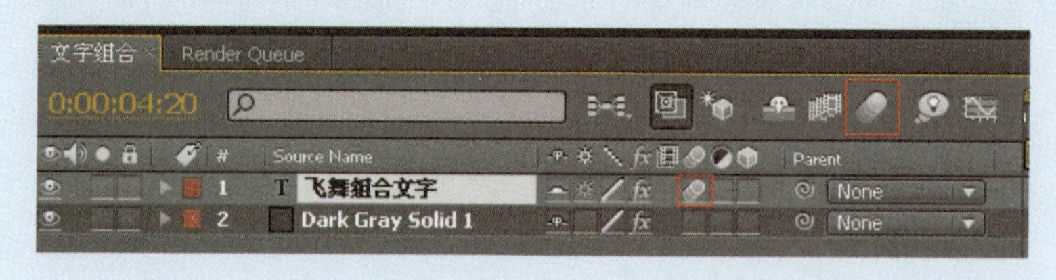

图3-3-14

（14）最终变化效果如图3-3-15所示。

（a）　（b）

（c）　（d）

图3-3-15

（15）按Ctrl+S快捷键保存工程文件，然后按Ctrl+M快捷键渲染输出。

知识窗

本例中充分应用了文字的Animation属性来制作文字飞舞动画，下面详细介绍其各种参数以帮助读者深入应用Animation属性设置来制作文字动画。

● Enable Per-character 3D　设置是否开启三维文字功能。

● Anchor Point　变化文字中心点。

● Position　位移文字的动画。

● Scale　缩放文字的动画。

● Skew　改变文字倾斜度。

● Rotation　旋转文字。

● Opacity　制作文字不透明度变化的动画。

● All Tansform Pronperties　将上面所有的属性一次性的加入Animation中。

● Fill Color（RGB Hue Saturation Bringhiness Opacity）　文字填充色变化。

● Stroke Color（RGB Hue Saturation Bringhiness Opacity）　文字描边色变化。

● Stroke Width　制作文字描边粗细变化的动画。

● Tracking　制作文字之间间距变化的动画。

● Line Spacing　制作文字之间行间距变化的动画。

● Line Anchor　制作文字之间对齐方式变化的动画。

● Character Offset　制作字符偏移的动画。

● Character Value　制作统一变化为一个字符的动画。

● Blur　制作文字的模糊动画。

同时在创建一个Animation后，还可以利用Add添加一个Selector属性，如下图所示。

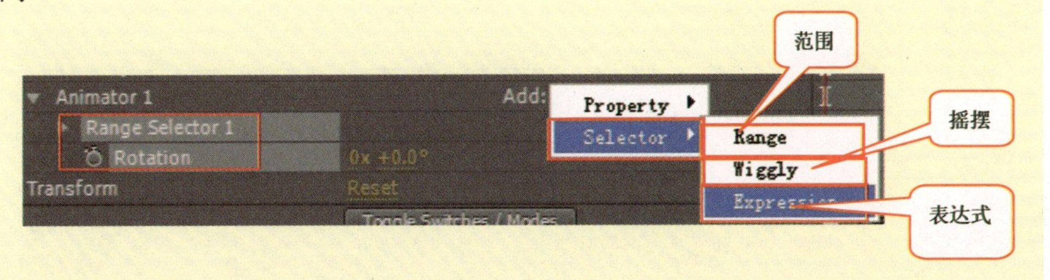

课后练习

参照本任务中的实例，制作“电视风云”文字动画，如下图所示，注意掌握参数对效果的影响。

任务四　跳动的音阶——文字Animate属性的其他用法

任务概述

本任务通过“跳动的音阶”实例来学习文字图层Animate属性的另外一种用途。

设计效果

打开“配套光盘/模块三/跳动的音阶/跳动的音阶.mov”文件，将看到如图3-4-1所示的动画效果截图。

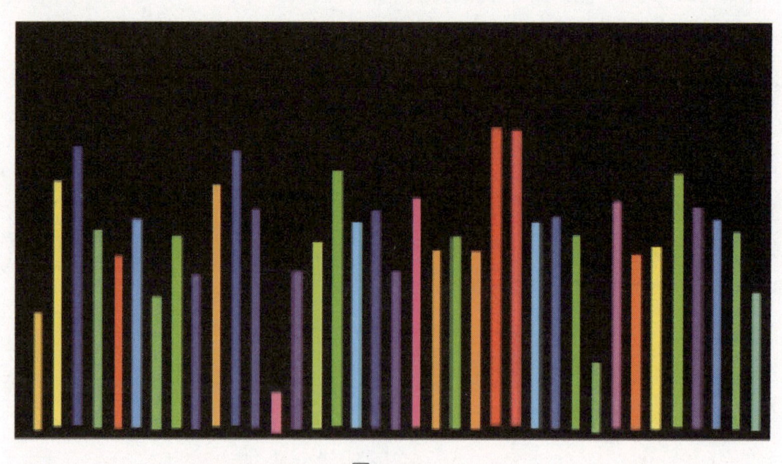

图3-4-1

步骤解析

（1）按Ctrl+N快捷键新建一个5 s的PAL D1/DV格式的合成文件，命名为“音阶跳动”。

（2）在工具栏中选择文字工具T，在合成窗口中输入红色（#F81C1C）的一排大写字母I，具体参数设置如图3-4-2所示。

图3-4-2

（3）展开文字图层的缩放属性，调整Y轴的缩放值为413，参数设置及效果如图3-4-3所示。

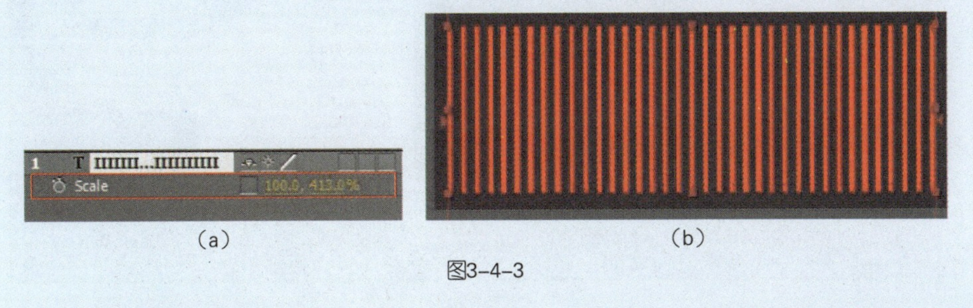

（a）　　（b）

图3-4-3

（4）展开文字图标的Text（文字）属性，在Animate（动画）下拉菜单中选择Scale（缩放）属性，如图3-4-4（a）所示。在弹出的下拉菜单中设置如图3-4-4（b）所示的参数，此时增加一个Animate 1的属性。

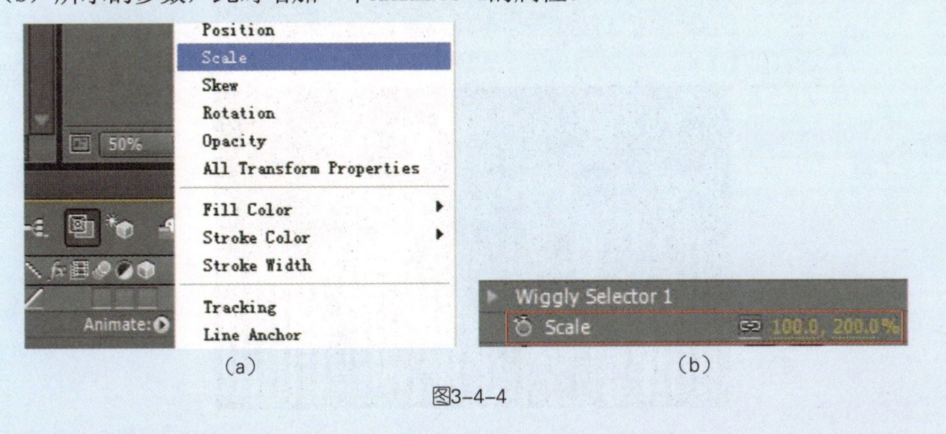

（a）　　（b）

图3-4-4

（5）在时间线面板中，单击Animate 1后边的Add按钮，在弹出的下拉菜单中选择Wiggly属性，如图3-4-5所示。

图3-4-5

（6）再在Add的下拉菜单中选择“Property/Fill color/Hue”（属性/填充色彩/色度）属性，如图3-4-6（a）所示。设置如图3-4-6（b）所示的参数为2x+270，其目的是随机改变I值的颜色，效果如图3-4-6（c）所示。

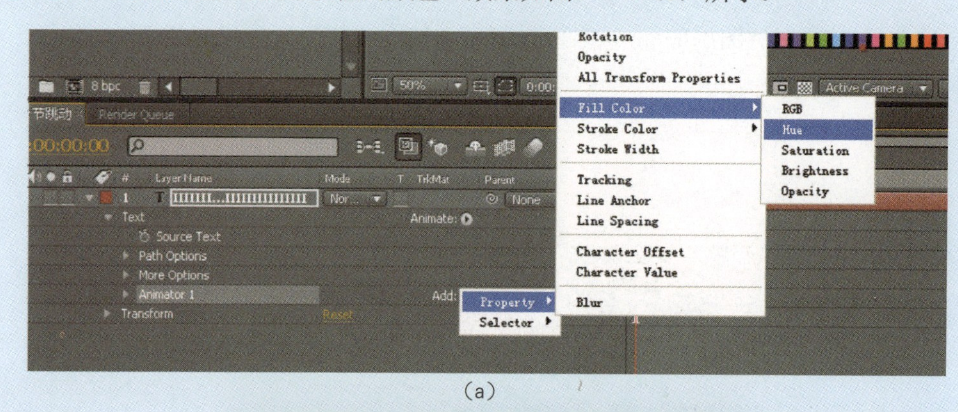

（a）

（b）

（c）

图3-4-6

小提示：

修改Hue（色相）的值，将可以调出许多不同的颜色。

（7）按Ctrl+S快捷键保存工程文件，然后按Ctrl+M快捷键渲染输出。

课后练习

完成“配套光盘/模块三/练习/随机小球.mov”的动画制作，如下图所示。

任务五　烟雾文字——滤镜特效的应用

任务概述

本任务通过制作“烟雾文字”实例来学习使用滤镜制作特效文字动画。

设计效果

打开“配套光盘/模块三/烟雾文字/烟雾文字.mov”文件，你将看到文字放烟雾的动画效果，如图3-5-1所示是该动画的截图。

图3-5-1

步骤解析

（1）创建一个新的合成，并命名为“Comp1”，设置其大小为720×576，时间长度为6 s。

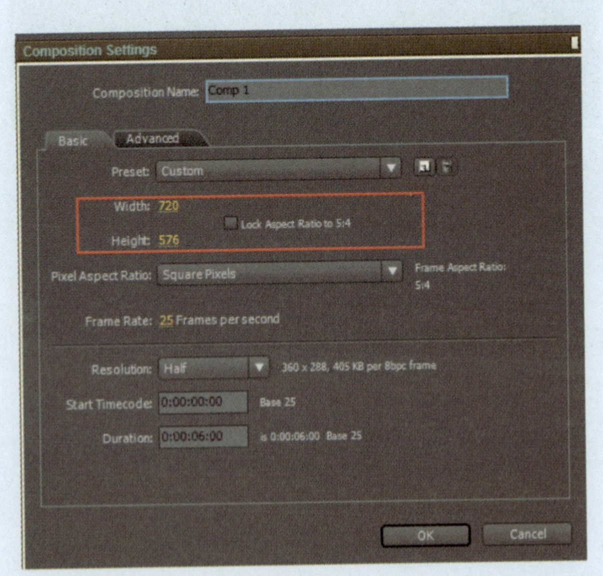

图3-5-2

（2）选择文字工具T，在合成窗口中输入“After Effects cs4”，参数设置及效果如图3-5-3所示。

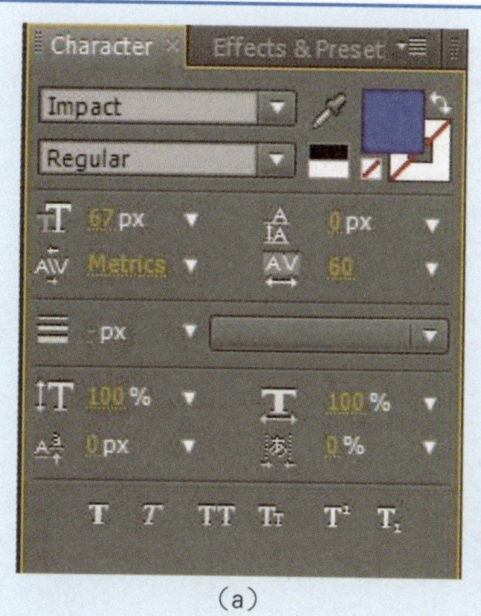

（a）

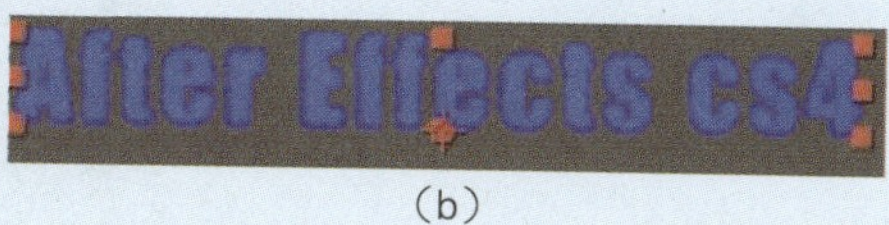

（b）

图3-5-3

（3）执行“Effect/Perspective/Bevel Alpha（特效/透视/Alpha倒角）”命令，为文字添加立体效果，参数设置及效果如图3-5-4所示。

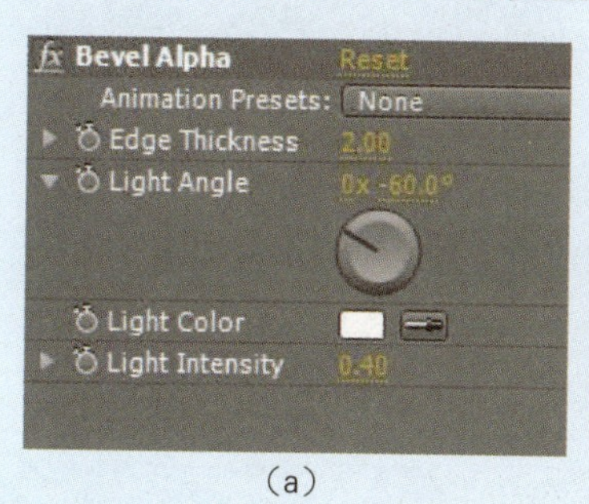

（a）

After Effects cs4

（b）

图3-5-4

（4）在项目面板中新建一个合成，命名为“Comp 2”。在Comp 2合成中，按Crtl+Y快捷键新建一个固态层，设置层颜色为灰色（＃4B4B4B）。选中新建的固态层，执行“Effect/Noise&Grain/Fractal Noise（特效/噪波&颗粒/分形噪波）”命令，为其添加一个分形噪波，其效果为图3-5-5所示。

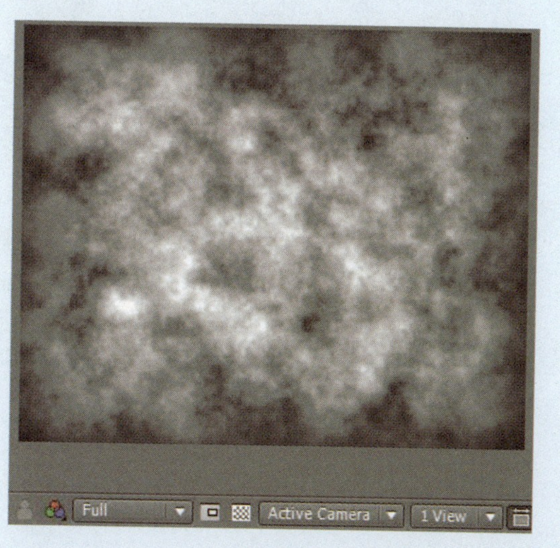

图3-5-5

（5）在Comp 2合成中，展开特效面板，如图3-5-6所示。在0 s时设置Evolution（演化）值为（0x+0.0°）。在6 s时设置Evolution（演化）值为（4x+0.0）。

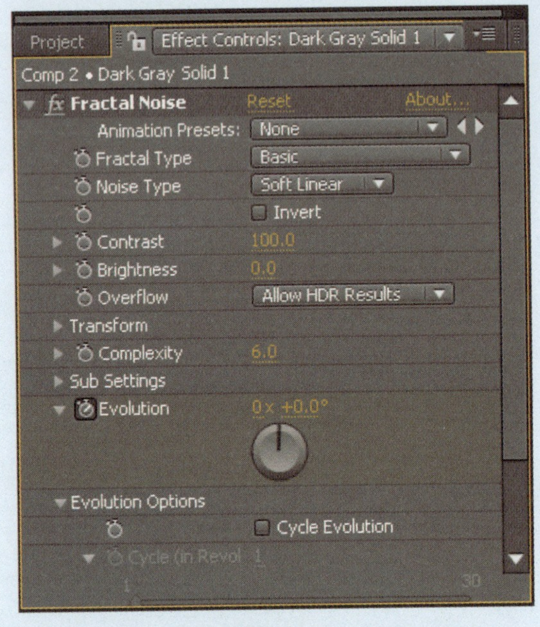

图3-5-6

（6）执行“Effect/Color Correction/Levels（特效/色彩校正/色阶）”命令，为固态层添加Levels（色阶）特效。参数设置及效果如图3-5-7（a）、（b）所示。

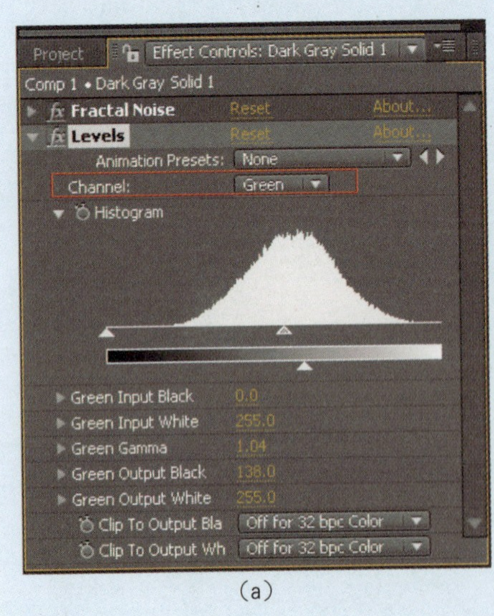

（a）

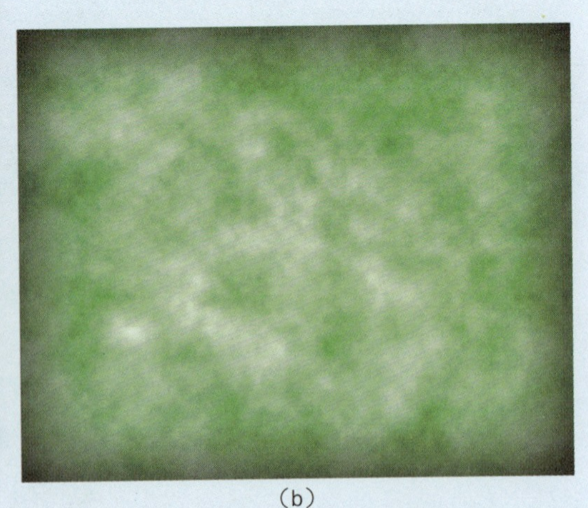

（b）

图3-5-7

（7）在时间线面板中选中固态层，在工具栏中选择矩形工具，然后在合成窗口中添加一个遮罩（Mask），效果如图3-5-8（a）所示；在时间线面板中展开

Mask属性。在0 s时，单击Mask Path前面的秒表图标，记录下一个Mask形状关键帧；在6 s处，将Mask遮罩移到合成窗口外，效果如图3-5-8（b）所示；同时修改Mask Feather值为150，效果如图3-5-8（c）所示。

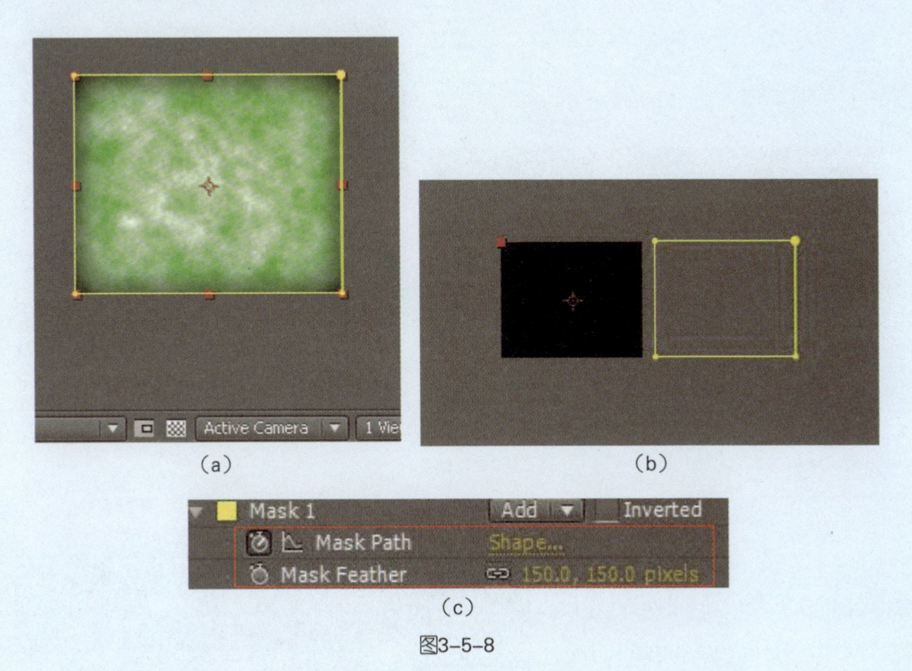

（a）（b）（c）

图3-5-8

（8）在项目面板中，选中Comp 2合成，按Ctrl+D快捷键复制出一个合成，重新命名为“Comp 3”。

（9）双击打开Comp 3合成，为固态层添加“Effect/Color Correction/Curves（特效/色彩校正/曲线）”特效，参数设置及效果如图3-5-9所示。

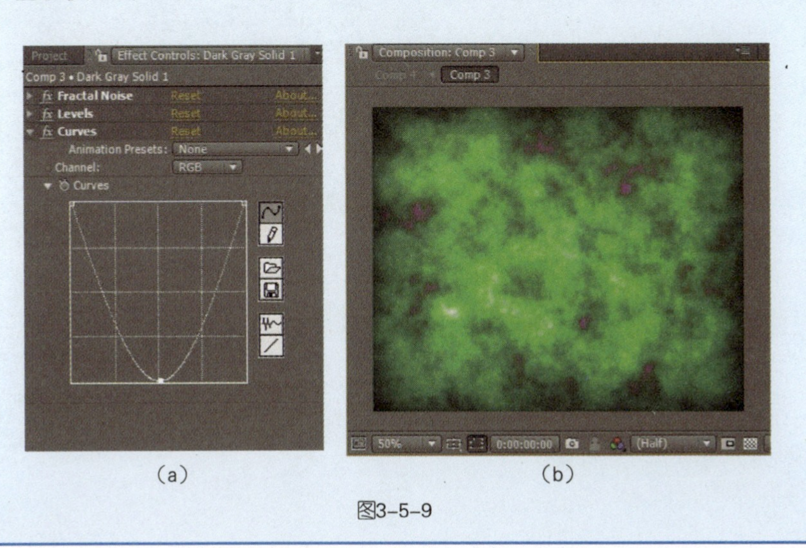

（a）（b）

图3-5-9

（10）按Ctrl+N快捷键，创建一个新的合成，命名为“Comp 4”。按Ctrl+Y快捷键在Comp 4中新建一个固态层。执行“Effect/Generate/Ramp（特效/生成/渐变）”命令，创建一个渐变背景，参数设置及效果如图3-5-10所示。

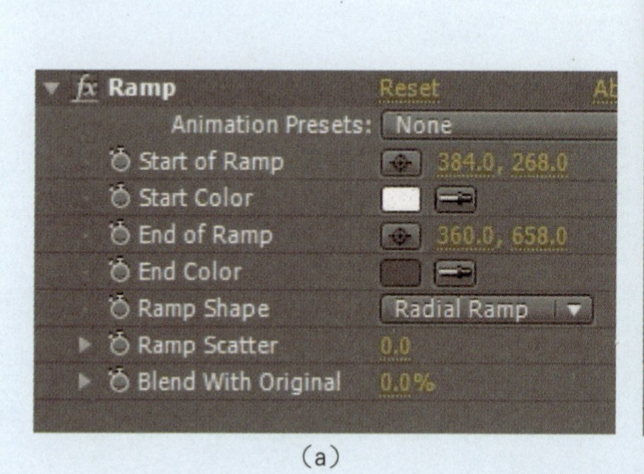

（a）

（b）

图3-5-10

（11）在Comp 4时间线中，将前面制作的3个合成全部拖入Comp 4，关掉Comp 2和Comp 3前面的显示图标，图层面板如图3-5-11所示。

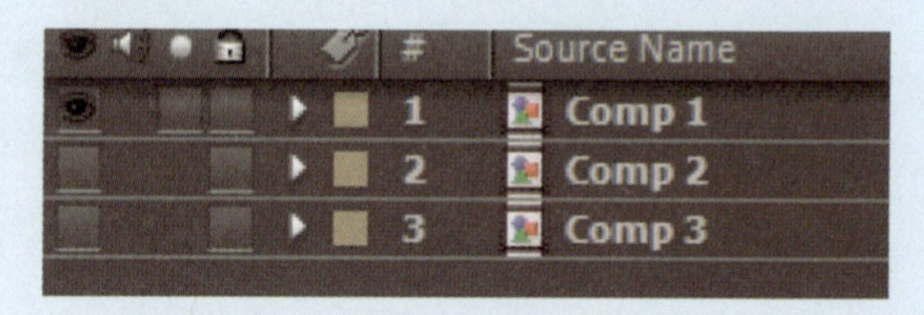

图3-5-11

（12）在时间线面板中，选择Comp1图层，执行“Effect/Blur&Sharpen/Compound Blur（特效/模糊&锐化/混合模糊）”命令，其主要用来将前面制作的噪波动画变成烟雾。展开Compound Blur特效，在Blur Layer的下拉菜单中选择Comp 3。再执行“Effect/Disor/Displacement Map Layer（特效/扭曲/置换映射）”命令，其目的是通过噪波动画来进行贴图置换以影响文字的最终效果。设置的参数及效果图3-5-12所示。

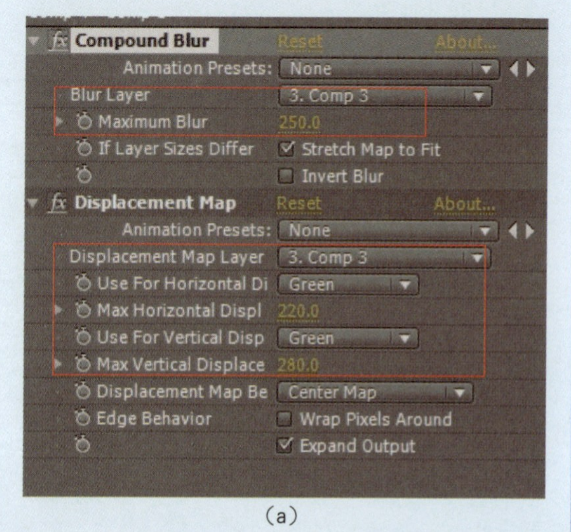

（a）

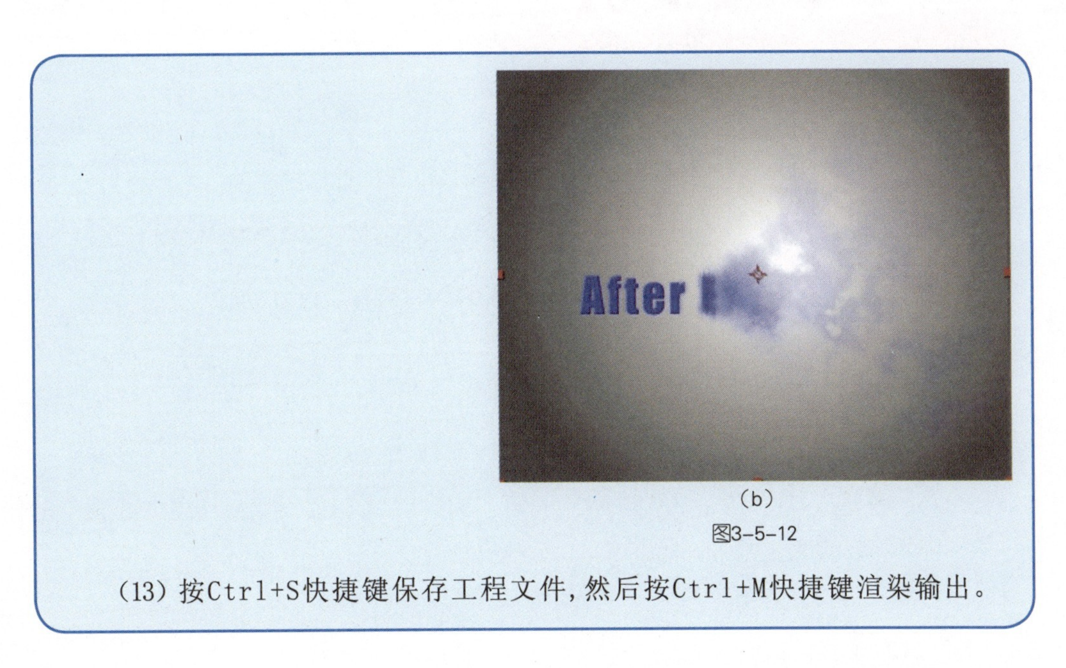

(b)

图3-5-12

(13) 按Ctrl+S快捷键保存工程文件，然后按Ctrl+M快捷键渲染输出。

课后练习

完成“配套光盘/模块三/练习/手写字.mov”的动画制作，如下图所示。

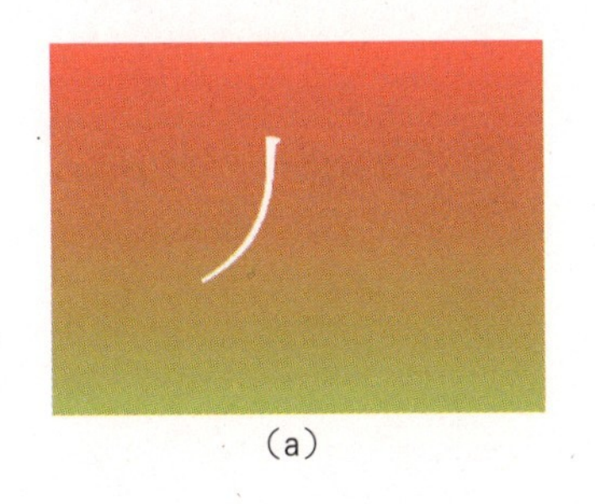
(a)

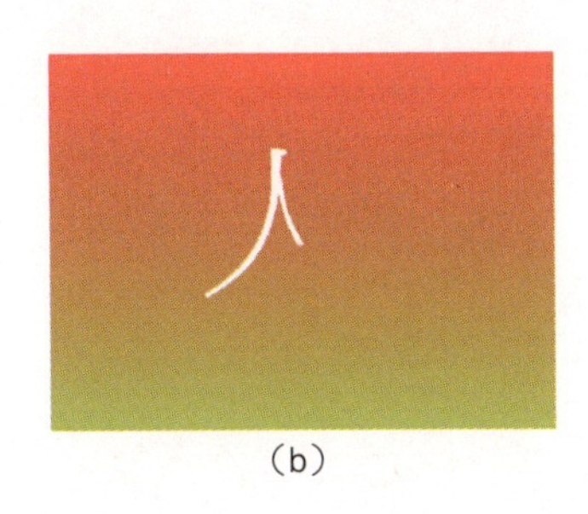
(b)

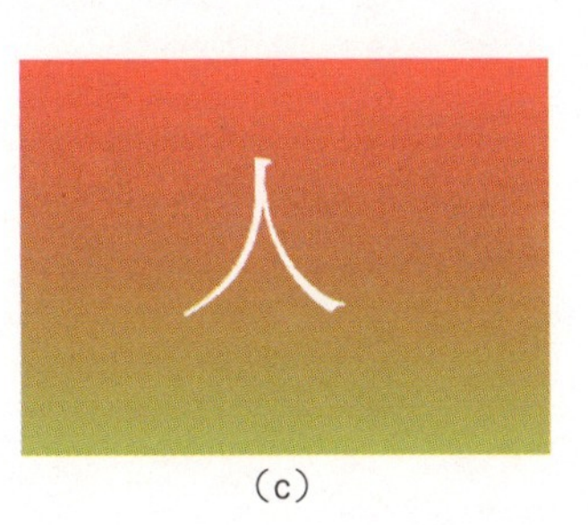
(c)

遮蔽的力量

模块综述

AE中的遮罩（Mask），实际是一个路径或者轮廓图，用于修改层的Alpha通道。利用遮罩对局部影像进行单独处理，从而使影片产生强烈的视觉冲击效果和令人震撼的特技场景。本模块主要介绍AE中遮罩创建、遮罩使用、遮罩模式和遮罩动画等相关技术。

学习完本模块后，你将能够：

- 制作一个简单遮罩实例。
- 创建遮罩。
- 使用遮罩。
- 制作遮罩动画。
- 使用与遮罩有关的特效。

任务一 手机待机动画——遮罩的创建与应用

任务概述

本任务通过 “手机待机动画”实例的制作来学习在AE CS4中如何建立和编辑遮罩、应用遮罩等基础知识。

设计效果

打开“配套光盘/模块图/待机动画/待机动画.avi”文件，将看到手机滑杆向上移动，手机屏幕中的风景画由中心到四周扩散，在轻快的音乐声中三个彩色气球随机碰撞出“幸运电话来了”的动画效果，图4-1-1是该的动画效果的截图。

图4-1-1

知识窗 遮罩原理

遮罩（Mask），实际是一个路径或者轮廓图，用于修改层的Alpha通道。缺省情况下，AE CS4层的合成均采用Alpha通道。对于运用了遮罩的层，将只有遮罩里面部分的图像显示在合成图像中,创建遮罩后可以只对影像的一部份进行处理，从而形成特殊效果。

步骤解析

（1）启动AE CS4软件，执行“File/Open Project（打开项目文件）”命令，选择“配套光盘/模块四/待机动画/待机动画.avi”文件，打开后的窗口如图4-1-2所示。

图4-1-2

（2）在时间线面板上选中shouji层，在djdh合成窗口中单击时间设置按钮 0:00:02:11 ，将当前时间设置为00:00:00:10，让第10帧成为当前帧，时间线面板如图4-1-3所示。

图4-1-3

（3）在工具栏上选择钢笔工具，在手机的屏幕上绘制一个矩形式的封闭路径，此时创建了一个类似圆角矩形的遮罩，效果如图4-1-4所示。

图4-1-4

提示：

被路径框起来的部分是显示部分，则外面的是不显示的部分。

（4）在shouji图层上按M键，展开Mask1属性，在Inverted（反转）项前打“√”，实现反相遮罩，如图4-1-5所示。

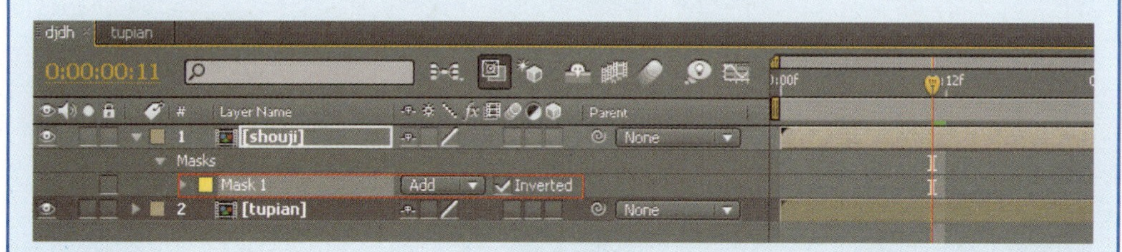

图4-1-5

（5）操作完第4步后，可见如图4-1-6所示的预览窗口，用路径调节工具和选择工具，在预览窗口中调节路径，使第3步画的路径与手机屏幕完全一致。

图4-1-6

提示：

①用选择工具选择路径节点，移动键盘上的方向键可精确定位节路位置。

②用路径调节工具实现转角处的弧形调节。

（6）展开Mask1的Mask Expansion（遮罩扩展）属性，在00:00:00:10处设置一个关键帧，将Mask expansion（遮罩扩展）值设置为-35，如图4-1-7所示。

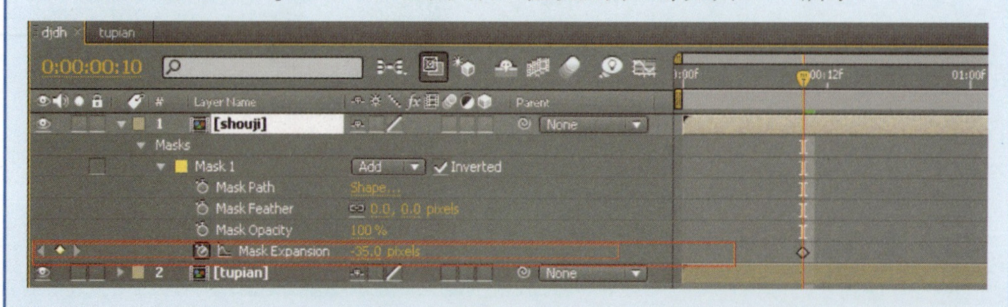

图4-1-7

（7）在00:00:00:15处设置Mask Expansion（遮罩扩展）的关键帧，并将值设置为0，如图4-1-8所示。

图4-1-8

（8）在时间线面板中选择tupian层，按键盘上的[键，将该层的入点（该层在时间线面板中的进入时间点）设置到00:00:00:15处，如图4-1-9所示。

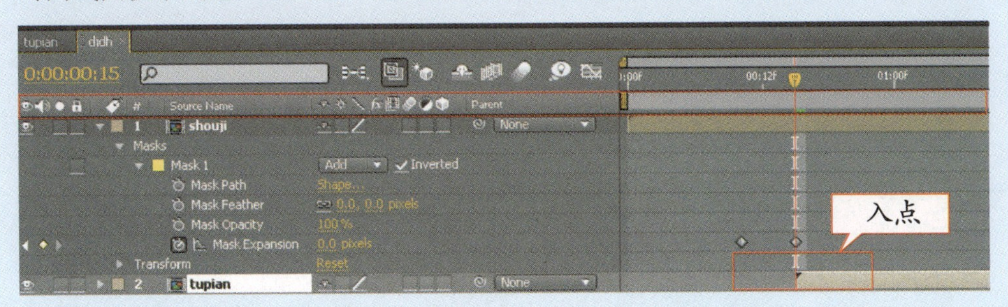

图4-1-9

（9）展开tupian层的Transform（自由变幻）属性，设置Position（位置）的值为58.5,82.5,Scale（缩放）的值为32.0,32.0，属性面板及效果如图4-1-10所示。

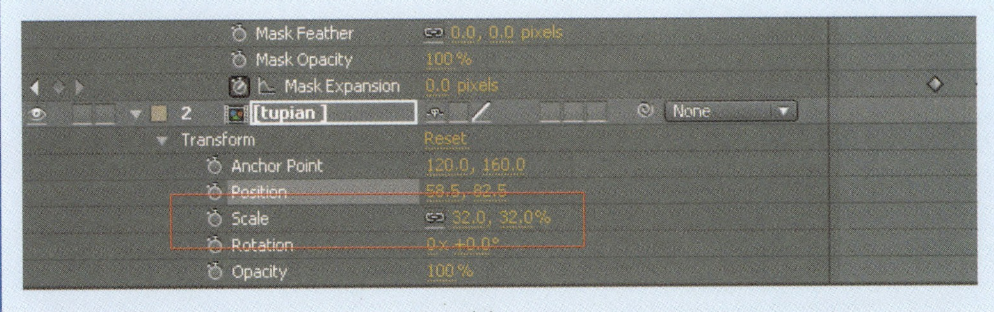

（a）

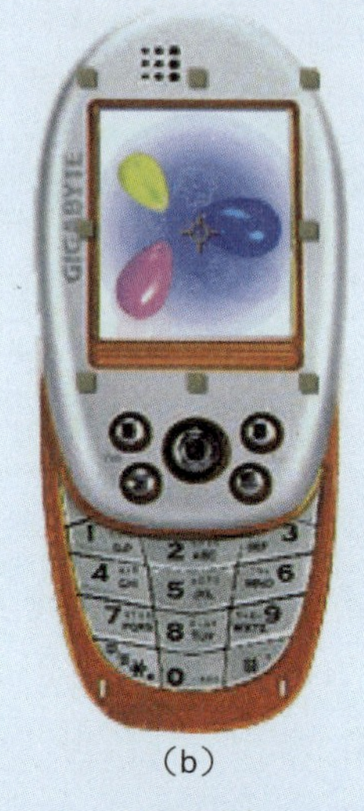

（b）

图4-1-10

（10）导入“配套光盘/模块四/待机动画/sound.mp3”声音素材，并将其放到该时间线面板的最下层，完成后时间线面板如图4-1-11所示。

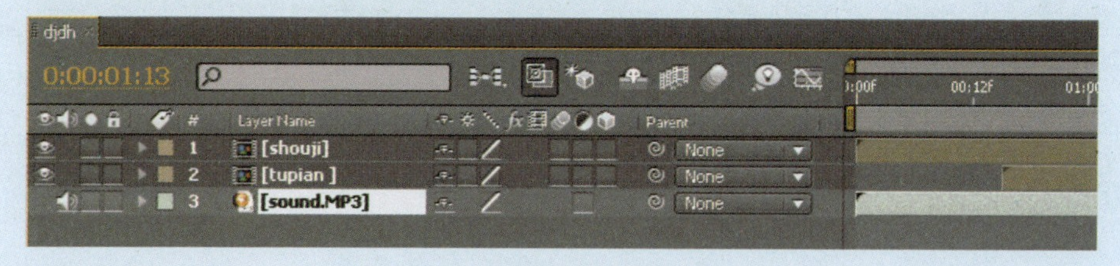

图4-1-11

（11）按小键盘上的数字0键进行预览，满意后按Ctrl+Shift+S快捷键存盘，在出现的对话框中输入“djdh_wancheng.aep”作为文件名保存工程文件，最后按Ctrl+M渲染输出。

（12）执行“File/Collect Files（文件/收集文件）”命令收集素材，以便在其他计算机中能打开源文件。

知识窗

1. 创建遮罩

创建遮罩时一定要先选中需创建遮罩的图层，否则将无法正确创建遮罩。其方法主要有以下4种：

● 使用工具绘制遮罩，如右图所示，可以创建矩形遮罩、圆角矩形遮罩、圆形遮罩、多边形遮罩和星形遮罩。

● 将运动路径转换为遮罩。如本例中第3步的操作就是用钢笔工具来创键路径形成遮罩。

● 使用Auto_trace把一个通道转换为遮罩。执行“Layer/Auto-Trace（层/自动勾画）”命令，打开如下图所示的对话框。利用此对话框可根据图层的Alpha通道、红绿蓝三色通道或明度信息自动生成路径蒙版。

Time Span设置作用的时间区域

仅对当前帧进行操作

整个工作区间进操作

Preview：控制预览设置结果。

Channel：勾画通道的依据。
Invert：反选通道。
Blur：勾画前对画面进行虚化处理使结果平滑一些。
Tolerance：勾画的宽。
Minimum Area：最小区域设置，若设置为8 Pixels，则形成的所有遮罩都将大于8个像素。
Threshold：阈值设置，低于此阈值的为透明区域。
Corner：控制勾画时对锐角进行的圆滑处理。
Apply to new layer：将勾画结果运用到新建的固态层中。

● 通过New Mask命令创建遮罩。选中某层后执行“Layer/Mask/New Mask（层/遮罩/新遮罩）”命令，可自由绘制一个矩形遮罩，然后再执行“Layer/Mask/Mask Shape”（层/遮罩/遮罩形状）命令，打开“Mask Shape”对话框，如右图所示，可在此对话框设置遮罩的形状及大小。

2. 使用遮罩

使用遮罩主要是对遮罩的属性进行设置，如下图所示，特别是结合关键帧来设置可以形成很酷的特殊效果。遮罩的使用主要有以下几个方面：

●羽化遮罩，模糊边缘效果，如下图所示。

未羽化效果

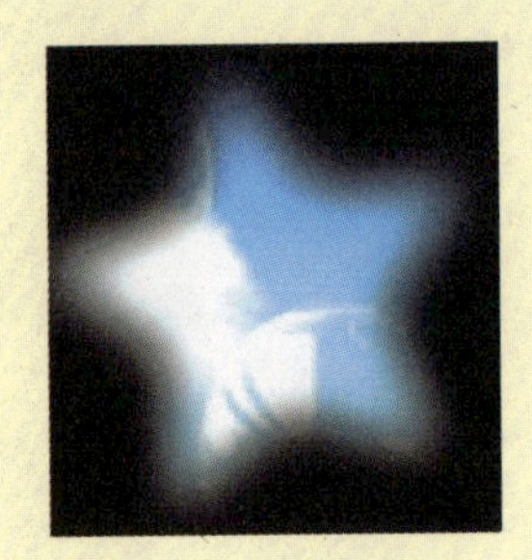

羽化值为18pixels的效果

●锁定遮罩/解除遮罩：在遮罩前面设置/去除锁的标志。锁定之后遮罩的任何属性不能修改。

●删除遮罩：选中Mask属性，按Delete键即可删除。

●复制遮罩：像复制文本一样可以将遮罩从一个图层复制到另一个图层。

●调整遮罩透明度：当Mask Opacity的值为100%时为不透明，为0%时则为完全透明。

●反转遮罩：选中Inverted即可。

●为遮罩应用运动模糊效果：执行“Layer/Mask/Motion Blur（层/遮罩/运动模糊）”命令即可。

课后练习

用其他方法完成本实例动画。

任务二 影像人物渐现——遮罩动画与特效的应用

任务概述

本任务将通过制作“影像人物渐现”动画来深入学习遮罩动画、轨道遮罩等知识，领略遮罩在影像特技处理中的功能及处理技巧。

设计效果

打开“配套光盘/模块四/三国/三国.wmv”文件，将看到云彩飘扬、人物和带有沧桑感的图片文字逐渐显示出来，同时有加强气氛的三国战争音乐，给人一种重游三国的感觉，图4-2-1是该动画的效果截图。

图4-2-1

步骤解析

（1）按Ctrl+Alt+N组合键新建一个项目文件。

（2）按Ctrl+N快捷键新建一个合成，名称为“Sango”，参数设置如图4-2-2所示。

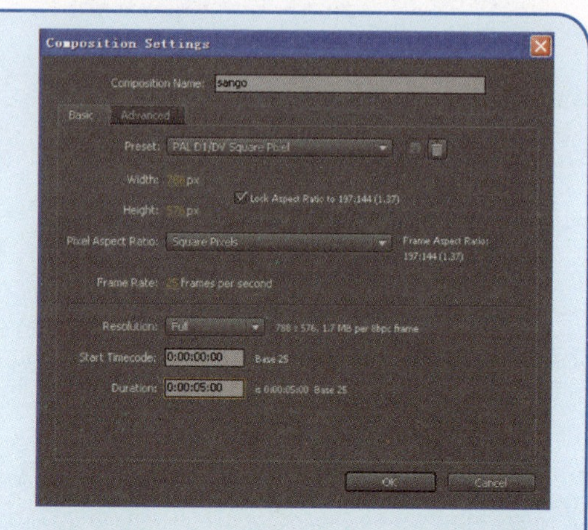

图4-2-2

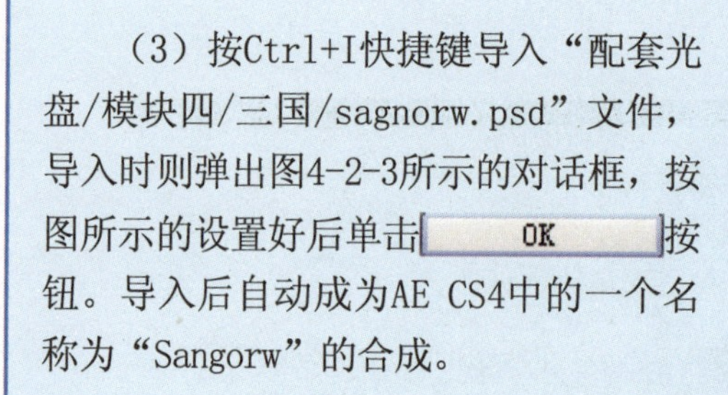

（3）按Ctrl+I快捷键导入“配套光盘/模块四/三国/sagnorw.psd”文件，导入时则弹出图4-2-3所示的对话框，按图所示的设置好后单击 OK 按钮。导入后自动成为AE CS4中的一个名称为“Sangorw”的合成。

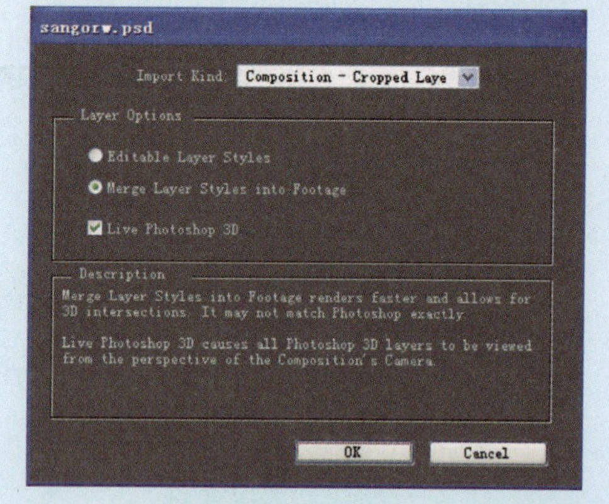

图4-2-3

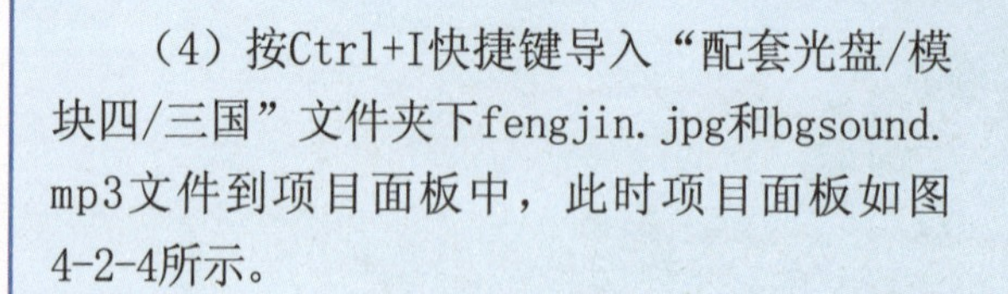

（4）按Ctrl+I快捷键导入“配套光盘/模块四/三国”文件夹下fengjin.jpg和bgsound.mp3文件到项目面板中，此时项目面板如图4-2-4所示。

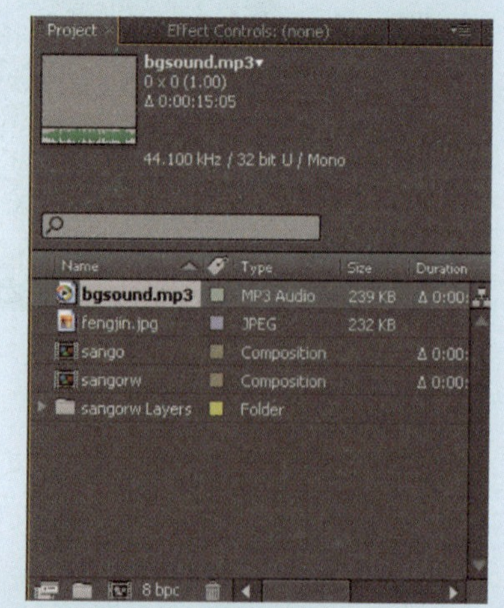

图4-2-4

（5）将项目面板中的sangorw合成拖到时间线面板中，按Ctrl+Alt+F组合键，使合成与窗口的宽度、高度一致，如图4-2-5所示。

图4-2-5

（6）在时间线面板中双击sangorw图层，打开其合成窗口，部分时间线面板如图4-2-6所示。

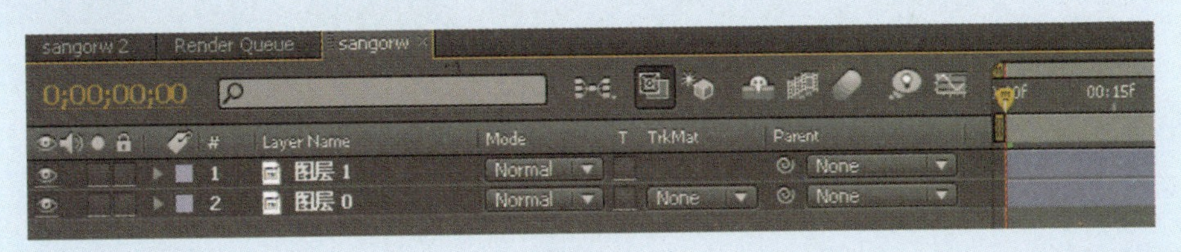

图4-2-6

（7）选中sangorw合成的图层0，按Ctrl+D复制出一个图层，系统自动命名为“图层2”，然后将图层0和图层1隐藏，如图4-2-7所示。

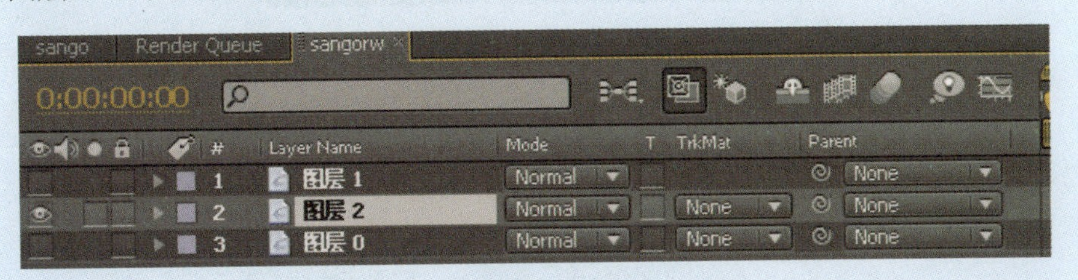

图4-2-7

（8）在工具栏中选择钢笔工具，在图层2中勾画出如图4-2-8所示的形状，其主要的目的是为天空建立一个不规则的遮罩。

图4-2-8

（9）选中图层2，按两次M键，调出该层的遮罩属性，将Mask Feather（羽化）的值设置为18,时间线面板设置如图4-2-9所示。

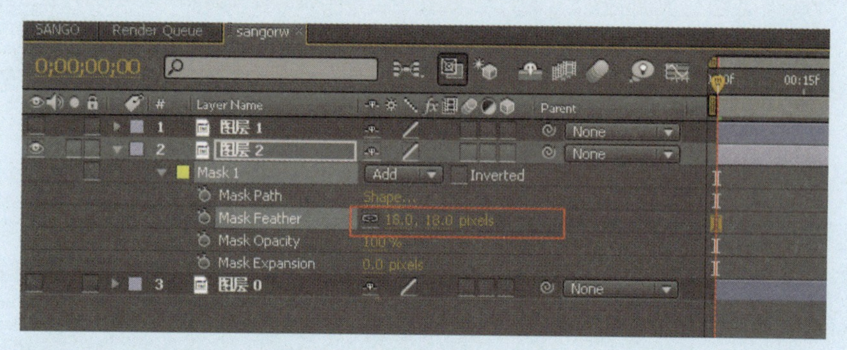

图4-2-9

（10）取消图层0和图层1的隐藏，选中图层2，执行“Effect/Distort/Corn Pin（特效/扭曲/斜边）”命令，此时在预览窗口的四角出现了4个调节框，如图4-2-10所示。

图4-2-10

（11）展开Corn Pin属性，在时间线上按Home键，确保当前帧为第1帧，设置Upper Left（左上角）和Upper Right（右上角）的第1帧为关键帧，如图4-2-11所示。

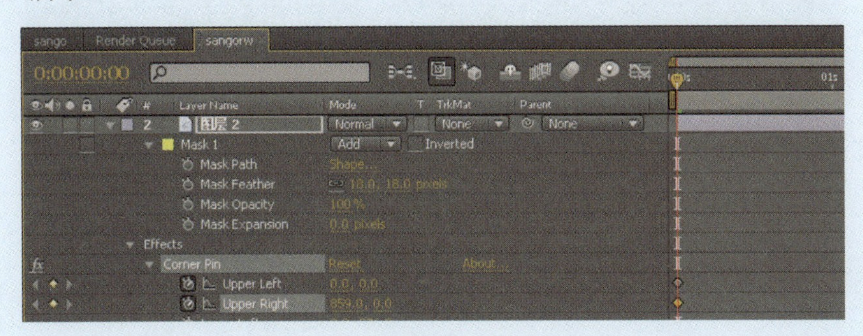

图4-2-11

（12）在时间线上按End键，使最后1帧为当前帧，给Upper Left（左上角）和Upper Right（右上角）添加一个关键帧，如图4-2-12所示。

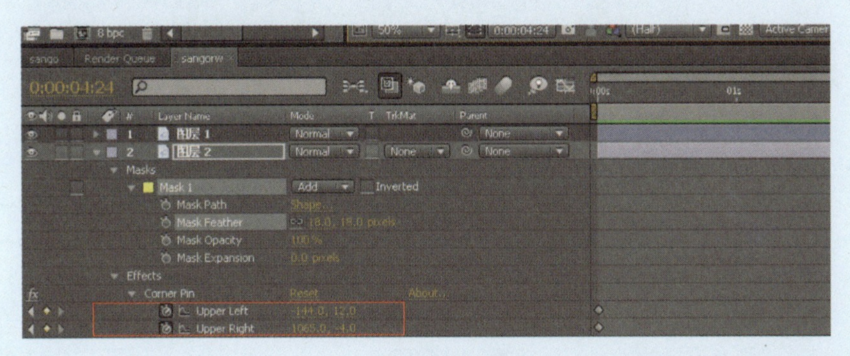

图4-2-12

（13）按小键盘上的数字0键预览效果，则可以看到云彩飘起来了。

（14）在图层2上按U键，将图层2的属性折叠。选中图层1，在时间线线上按Home键，使当前帧为第1帧，用矩形工具▭在图层1的人物头顶上画一个矩形，此时人物消失，因为遮罩内没有人物，如图4-2-13所示。

图4-2-13

（15）展开图层1下Mask1属性，在第1帧处设置Mask Path（遮罩路径）的关键帧，然后在时间线的00:00:03:00处再设置一个关键帧，如图4-2-14所示。

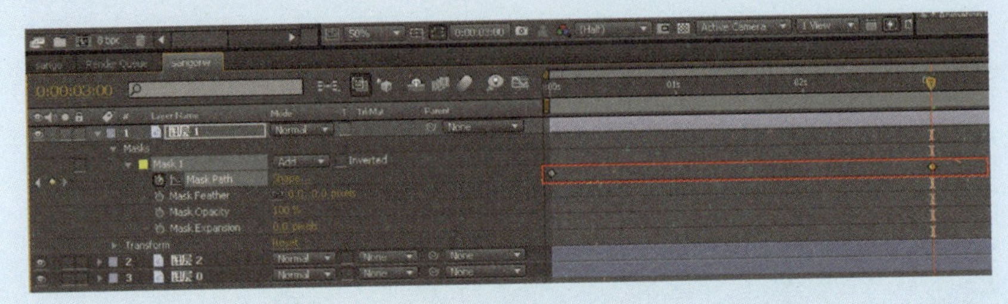

图4-2-14

（16）用选择工具![]选择矩形遮罩的下面两个点往下拉，直到人物全部显示，如图4-2-15所示。

图4-2-15

（17）设置图层1的Mask1遮罩的 Mask Feather（遮罩羽化）属性值为50，如图4-2-16所示。

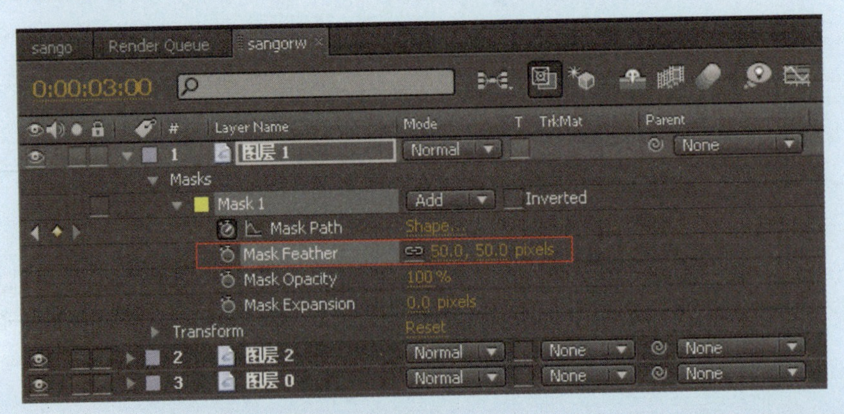

图4-2-16

（18）按小键盘上的数字0键，预览效果，可以看到人物从上到下渐渐显露出来了。

（19）在合成窗口中单击 SANGO 按钮返回到sango合成图像窗口,将项目面板中的fengjin素材拖入到时间线面板中,并置于最上层,如图4-2-17所示。

图4-2-17

（20）选择工具栏上的文字工具 T，在图4-2-18中输入如图所示的文字，字号为60，字体、颜色自选。

图4-2-18

（21）在时间线面板中选中fengjin层，在时间线上按Home键使当前帧为第1帧，按P键展开Position（位置）属性，并在该帧设置关键帧，将fengjin图片移到文字的最左边，如图4-2-19所示。

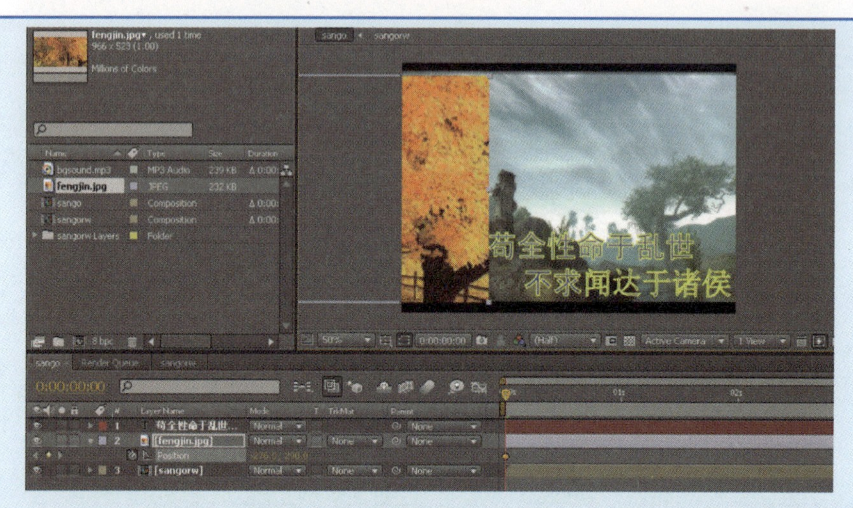

图4-2-19

（22）将时间指示器移到00:00:03:00处，并在此处添加关键帧，然后将fengjin图片的左边与文字的左边对齐，如图4-2-20所示。

图4-2-20

（23）单击时间线面板中素材列表下的 Alpha ▼ 按钮，打开TrMat设置列表，如图4-2-21（a）所示。将fengjin图层的TrMat设置为Alpha Matte，创建轨迹遮罩，此时影像效果如图4-2-21（b）所示。

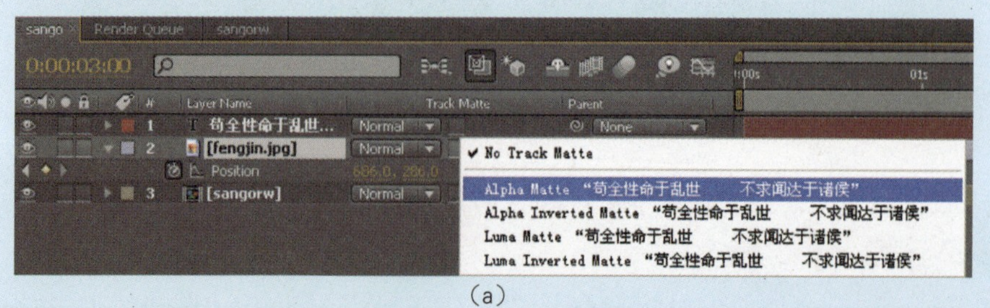

（a）

（b）

图4-2-21

（24）将项目面板上的bgsound音乐素材拖到时间线面板中，并置于最下层，图层面板如图4-2-22所示。

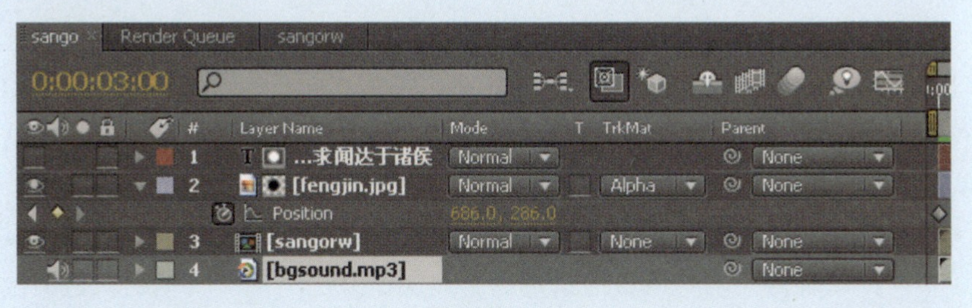

图4-2-22

（25）按小键盘上的数字0键进行预览，可看见云彩飘扬、人物如仙人般从上到下显示出来，同时有加强气氛的三国战争音乐，给人一种重游三国的感觉。

（26）按Ctrl+S快捷键保存工程文件，然后按Ctrl+M打开渲染面板，单击Render Seting（渲染设置）旁边的 Lossless 按钮打开“Output Module Settings”对话框，如图4-2-23所示。如果要渲染出音乐，则须选中AutoOuptut项，否则输出的动画文件没有音乐声，然后单击 OK ，返回渲染面板后再单击 Render 按钮渲染输出动画文件。

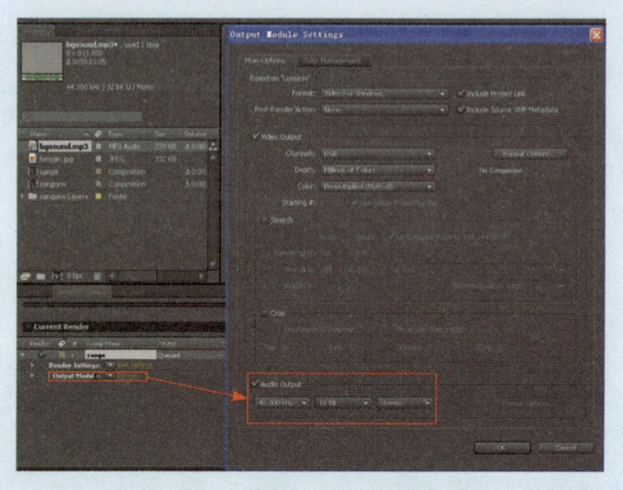

图4-2-23

（27）执行“File/Collect Files”命令，收集素材，以便在其他计算机中能打开源文件。

知识窗

①遮罩形状动画，主要设置Shape关键帧。通过在不同时间段调节不同的遮罩形状，让遮罩从一种形状变为另一种形状来形成遮罩动画效果。在变化的过程中为了不显得生硬，通常通过设置羽化来模糊边缘，达到自然效果。本实例就是用这种方法来实现人物有若神仙般的渐现效果。

②轨迹遮罩，其原理是让一个图层遮罩另一个图层来形成遮罩效果，当设置了轨迹遮罩后，系统将自动隐藏轨迹遮罩层。其操作方法是单击要使用轨道蒙板层的层模式面板中的TrkMak下拉列表，如下图所示。当设置了轨道遮罩后，系统将自动隐藏轨道蒙板层不显示。

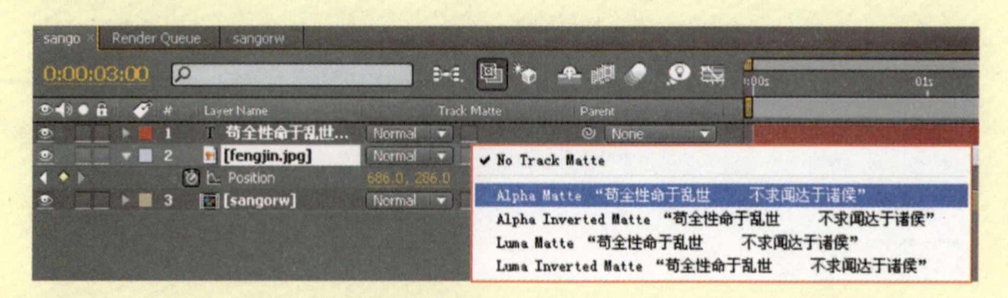

- NO Track Matte　不使用轨道遮罩。
- Alpha Matte　用轨道遮罩层的Alpha通道作为该层的透明信息。

● Alpha Inverted Matte　用轨道遮罩层的反转Alpha通道作为该层的透明信息。

● Luma Matte　用轨道遮罩层的亮度作为该层的透明信息。

● Luma Inverted Matte　用轨道遮罩层的反转亮度作为该层的透明信息。

③Track Matte层特征如下：

● 通过相邻上层的通道显示自己。要想看层的通道，点时间窗口的眼睛图标后两个的圆点，先显示自己隐藏其他层，再点合成窗口中的三基色图标中的Alpha即可看到本层的信息。

● 选择TrkMat后，上层的眼睛自动关闭。

课后练习

参考本任务中的实例，制作一个过光文字效果，即一缕光线从文字上滑过，前后两帧如下图所示。

过光文字

(a)

(b)

三维合成与仿真特效

模块综述

本模块主要讲述在AE CS4中如何利用层的3D属性搭建三维场景，配合摄像机、灯光模仿真实空间感，同时AE CS4的粒子系统也将把我们带入一个精彩的世界。

学习完本模块后，你将能够：

- 设置层的3D属性，搭建三维场景。
- 添加摄像机。
- 建立灯光系统。
- 使用粒子系统制作逼真特效。

任务一　旋转的盒子——制作三维场景

任务概述

本任务通过制作在三维空间中旋转的盒子，来讲解AE CS4中特有的片面三维概念，学会开启层的3D属性及参数调整，理解三维坐标轴、各种视图对确立对象在空间中的位置所起的作用，以及层间亲子关系的应用等。

知识窗

三维空间是在二维的基础上加入深度的概念而形成的，现实中的所有物体都是处于一个三维空间中。三维空间中的对象会与其所处的空间相互发生影响，即常说的近大远小，近实远虚的感觉，AE是一个特效合成软件，具有三维空间的合成功能，但不具有三维建模能力。左下图所示的在AE搭建的三维空间中摩托车有灯光阴影，形态逼真。当从侧面看时，并没有看到真实摩托车侧面，而是感觉一个摩托车图片放在场景中，如右下图所示。这就是AE的三维核心概念“片面三维”，也就是说在AE中所有的三维对象就是像纸一样薄的图层。

设计效果

打开“配套光盘/模块五/旋转的盒子/旋转的盒子.wmv”文件，其动画效果截图如图5-1-1所示，一个四面不同图案的盒子在旋转。

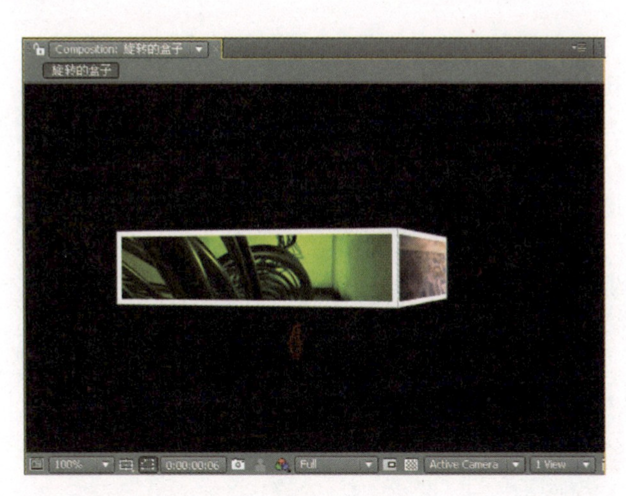

图5-1-1

步骤解析

（1）启动AE CS4软件，按Ctrl+N快捷键新建一个合成,其参数设置如图5-1-2所示。

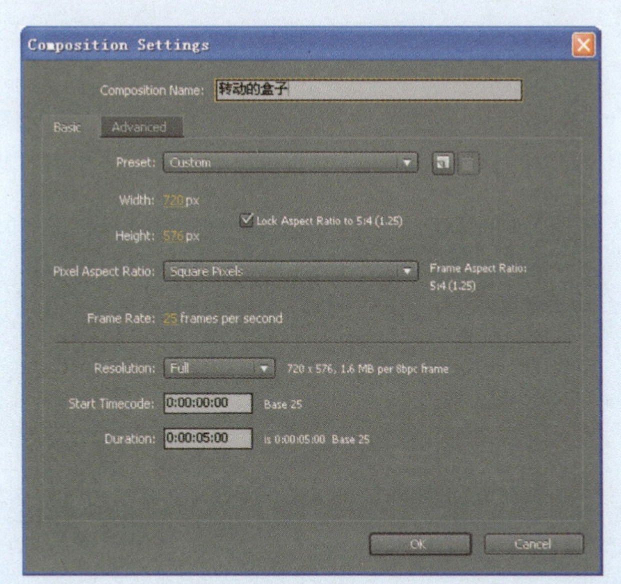

图5-1-2

（2）导入“配套光盘/模块五/旋转的盒子”文件夹中的4幅图片到项目面板中，注意不以Sequence图片序列形式导入，否则会形成4帧动画。分别将4幅图片其拖入时间线面板中，建立4个图层，如图5-1-3所示。全选4个层，单击时间线面板中的三维属性按钮，开启所选图层的3D属性。

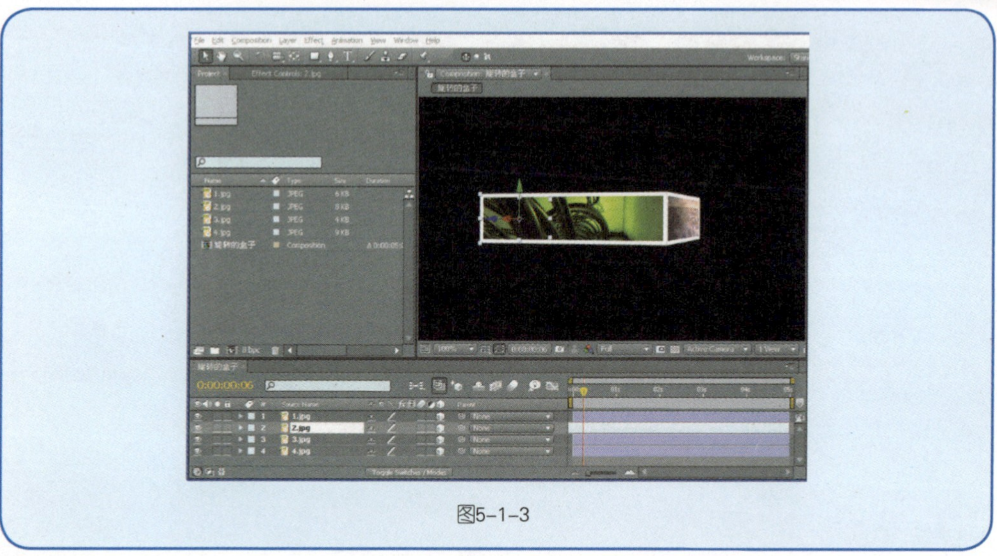

图5-1-3

知识窗

3D图层

在AE中进行三维空间合成时，需要将对象层的3D属性按钮打开，让层处于三维空间中。系统在X、Y轴坐标的基础上引入了深度概念Z轴，为清楚标识坐标轴X、Y、Z，在AE中分别用R（红）、G（绿）、B（蓝）表示。未打开3D属性之前的图层属性如下图（a）所示。开启之后如下图（b）所示，它增加了部分选项例如方向、材质等参数。

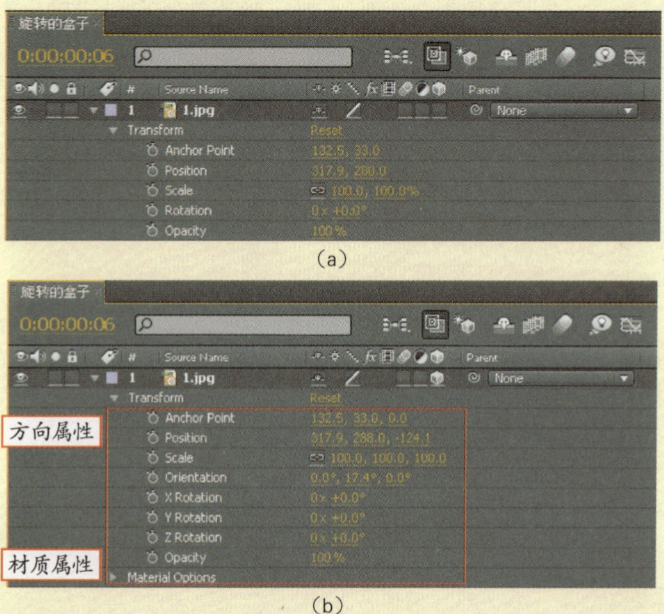

（a）

（b）

（3）展开图层2和图层3的Rotation（旋转）属性，设置图层2沿Y轴方向旋转90°，图层3沿Y轴方向旋转-90°，如图5-1-4所示。

图5-1-4

（4）为便于在三维空间将4幅图组成盒子，需在合成窗口中切换视图列表中的Active Camera（活动摄影机）到Top视图，如图5-1-5所示。

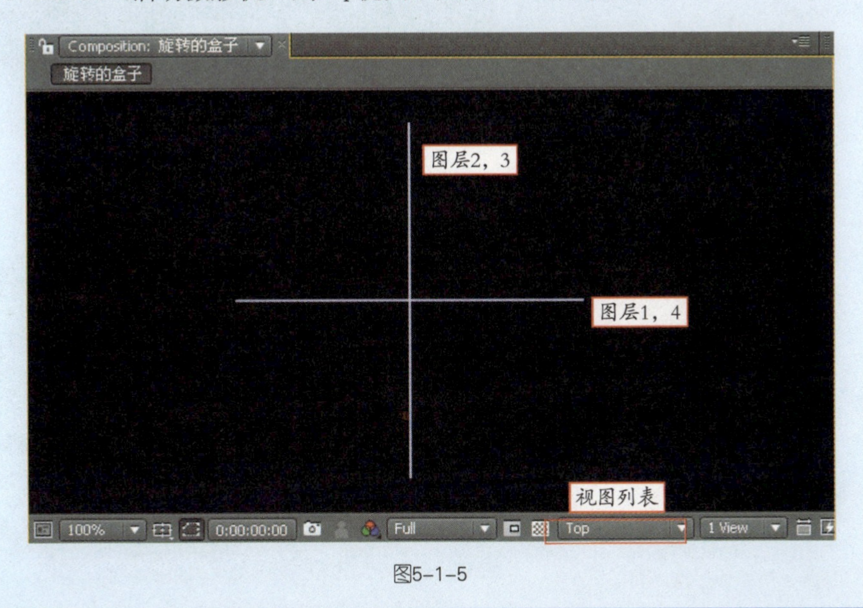

图5-1-5

知识窗

三维视图

三维视图是指前视图（Front）、后视图（Back）、顶视图（Top）、底视图

（Bottom）、左视图（Left）、右视图（Right）。

● 前视图和后视图　从三维空间中的正前方和正后方观察对象，在X、Y轴上移动层时可以从这两个视图中观察效果。

● 顶视图和底视图　从三维空间中的正上方和正下方观察对象，在X、Z轴上移动层时可以从这两个视图中观察效果。

● 左视图和右视图　从三维空间中的正左和正右观察对象，在Y、Z轴上移动层时可以从这两个视图中观察效果。

（5）用选择工具移动重合在一起的图层1、4和图层2、3，拼接成如图5-1-6所示的一个正方形盒子，为了精确可放大比例后操作。

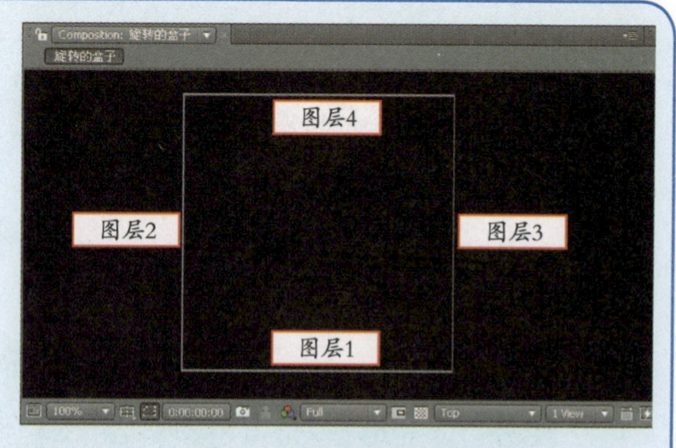

图5-1-6

（6）按Ctrl+Y快捷键新建一个固态层，在时间线面板中点中该图层，按S键展开其Scale（缩放）属性，缩放大小至小于一幅图片的长度，开启其3D属性，效果如图5-1-7所示。

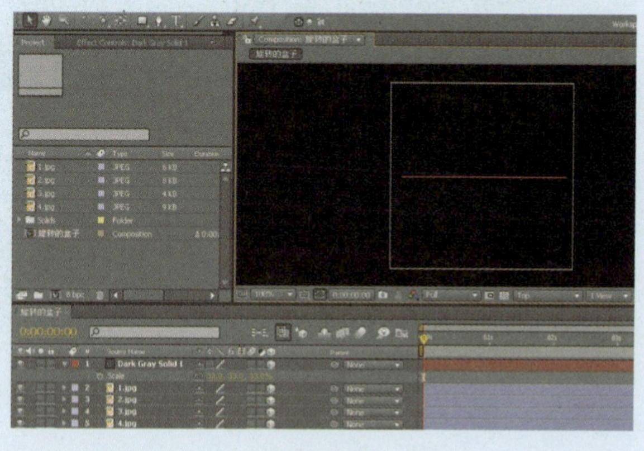

图5-1-7

（7）在时间线面板中展开Dark Gray Solid 1层的Y轴Rotation属性，单击关键帧记录器按钮，在1 s处设置旋转值为0X+0.0°，在5 s处设置旋转值为1X+0.0°（1周），操作后的时间线面板如图5-1-8所示。

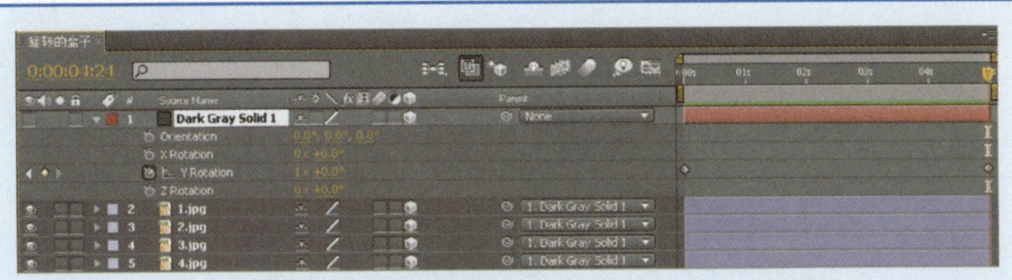

图5-1-8

（8）在时间线面板中依次单击各图层上的亲子关系按钮，按住鼠标左键不放，会出现一条连线，将它拖到Dark Gray Solid 1层上，创建一个亲子关系，如图5-1-9所示。Drak Gray Solid 1层将成为这4个图片层的父层，将跟随父层运动。

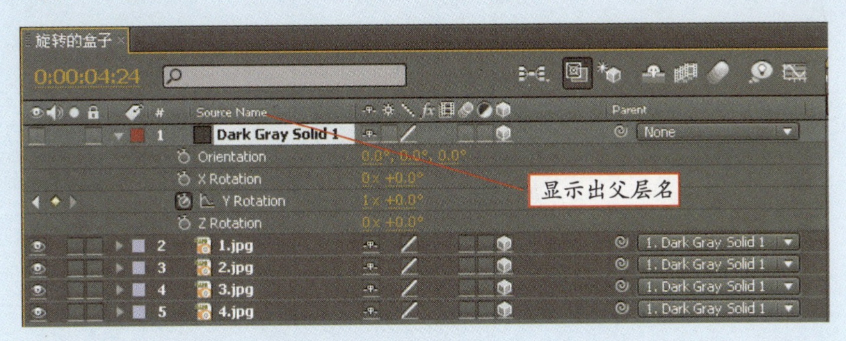

图5-1-9

提示

如果在时间线面板中没有显示Parent面板，可以在面板项中单击右键，在弹出的菜单中选择“Columns/Parent（分栏/亲子关系）”命令，可打开亲子关系面板。

想一想

如果不利用亲子关系，该怎么制作旋转的动画？

（9）切换到Active Camera视图，关闭刚建立的Dark Gray Solid 1图层的显示。

（10）按Ctrl+S快捷键保存工程文件，然后按Ctrl+M快捷键渲染输出。

知识窗

亲子关系

在AE软件中可为当前层指定一个父层，当一个层与另一个层发生亲子关系后，两个层就会联动，父层的运动会带动子层的运动，而子层的运动则与父层无关。

亲子关系遵循的原则是父层可以拥有多个子层，而一个子层只能有一个父层。层可以嵌套，一个层可以是其他子层的父层，又同时可以是某个父层的子层。越顶级的父层既有越高的支配权，父层的变化都将影响子层的变化。

课后练习

参照本任务中的实例制作旋转的盒子。

任务二　黑屋中的文字——摄像机及灯光的运用

任务概述

本任务通过制作黑屋中文字的来讲述Camera摄像机和Light灯光的添加、设置及运用，使用它们让AE的三维效果得到更逼真的展现。

设计效果

打开“配套光盘/模块五/黑屋中的文字/黑屋中的文字.wmv”文件，将看到在幽暗的黑屋尽头有带有阴影的文字，画面不断地推进的动画效果。图5-2-1是该动画的一幅截图。

图5-2-1

步骤解析

（1）启动AE CS4软件，按Ctrl+N快捷键新建一个合成，其参数设置如图5-2-1所示。

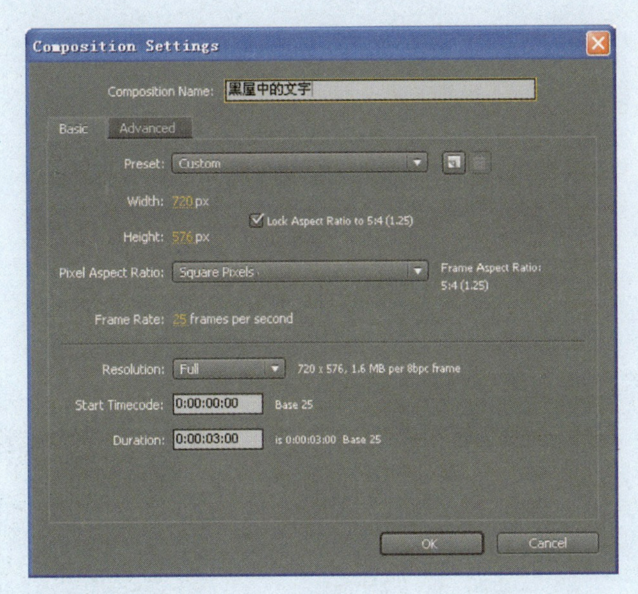

图5-2-2

（2）导入“配套光盘/模块五/黑屋中的文字/Grunge.jpg”文件到项目面板中，将其拖到时间线面板中。按Ctrl+D快捷键复制出4份，分别给5个层取名“左墙”、“右墙”、“顶墙”、“底墙”、“后墙”，开启所有层的3D属性，时间线面板如图5-2-3所示。

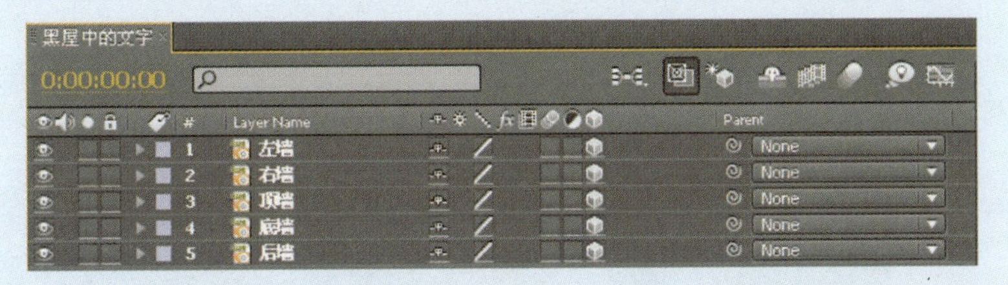

图5-2-3

（3）关闭顶墙层和底墙层的显示，先按住R键，将左墙、右墙沿Y轴方向旋转并移动到合适位置，然后按P键将后墙沿Z轴方向往后移动，具体参数设置如图5-2-4所示。

图5-2-4

（4）切换到TOP视图，调整墙与墙之间的距离，注意后墙应与左右墙无缝隙，如图5-2-5左边所示的是Active Camera（活动相机）视图，右边所示的是TOP视图。

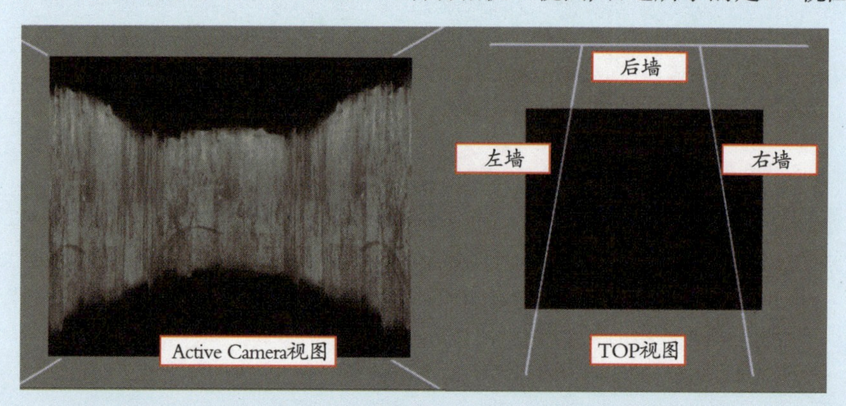

图5-2-5

（5）关闭左墙和右墙的显示，分别选中顶墙和底墙图层，先沿Z轴方向旋转90°并移动至合适位置，具体参数设置如图5-2-6所示。

图5-2-6

（6）切换到Left视图，调整墙与墙之间的距离，注意后墙与顶墙、底墙应无缝隙，如图5-2-7所示。左边的是Active Camera视图，右边的是Left视图。

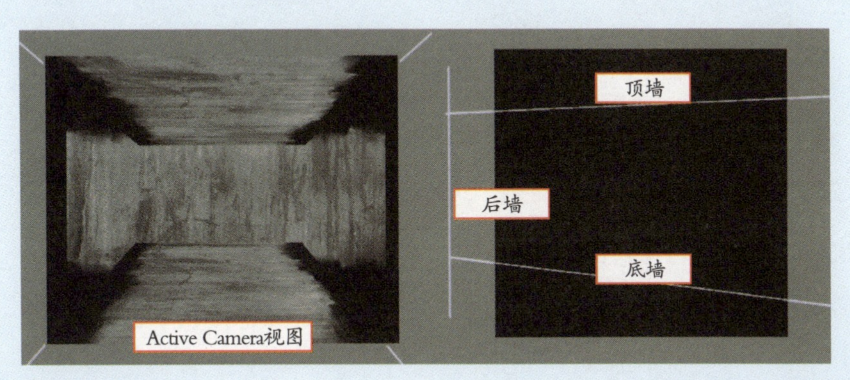

图5-2-7

（7）执行“Layer/New/Light”命令（快捷键Ctrl+Alt+Shift+L），弹出如图5-2-8所示的对话框，可在场景中创建灯光。在Light Type（灯光类型）下拉列表中选择Point点光源，设置intensity（强度）为200%，颜色为浅蓝色，激活Casts Shadows（投射阴影）角色阴影选项，然后单击 OK 按钮。

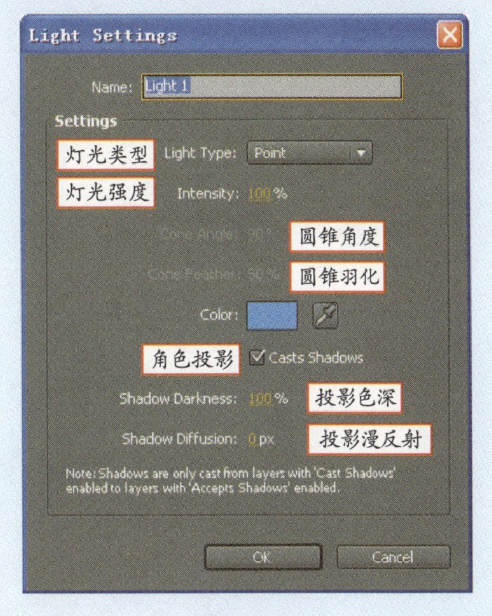

图5-2-8

知识窗

照明系统

AE 利用照明灯来模拟真实的三维空间光线，可以创建多盏照明灯来产生复杂的光影效果。AE提供了如下4种灯光类型：

●Parallel （平行光） 从一个点发射一束光照向目标点，提供一个无限远的光照范围，照亮目标点的所有对象，光照不因距离而衰减。

●Spot（聚光）　从一个点向前方一圆锥形发射光线，聚光灯根据圆锥角度确定照射的面积。

●Point（点光）　从一个点向四周发射光线，随着对象离光源的距离不同，受光程度也有所不同，由近至远光照逐渐衰减。

●Ambinent　没有光线发射点，可照亮场景中的所有对象，但环境光无法产生阴影。

"Light Setting"对话框中其他参数含义如下：

● Intensity　灯光强度，强度越高，场景越亮。当灯光强度为0时，场景变黑。

● Cone Angle　选择Spot聚光灯后该参数激活，可设置聚光灯圆锥角度，角度越大光照范围越广。

● Cone Feather　该参数仅对Spot聚光有效，可以为照射区域设置一个柔和的边缘。

● Color　灯光颜色，默认为白色。

● Casts Shadows　开启该项后灯光会在场景中产生投影（还需在层材质属性中设置）。

● Shadow Darkness　控制投影的颜色深度。

● Shadow Diffusion　根据层间距离产生柔和的漫反射。

（8）执行"Layer/New/Camera（层/新建/摄像机）"命令（快捷键Ctrl+Alt+Shift+C），弹出图5-2-9所示的对话框，在场景中创建摄像机。

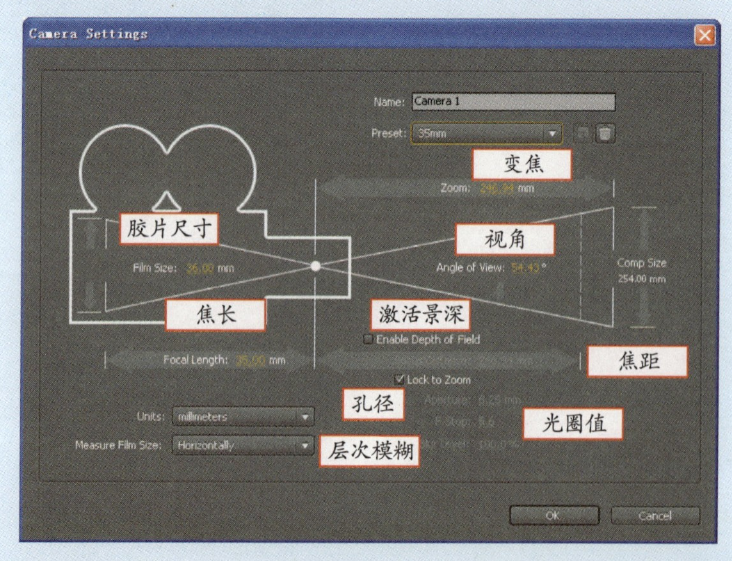

图5-2-9

知识窗

AE摄像机

在合成图像中建立摄像机，可对三维场景进行观察，就像架设了一台真实拍摄的摄像机。

AE提供了9种常用的摄像机镜头，其中15 mm广角镜头具有极大的视野范围，它类似于鹰眼观察世界，但会产生较大的透视变形。默认的35 mm标准镜头类似于人眼视角。200 mm鱼眼镜头就像鱼眼观察世界，视野范围极小。

Focal Length用于设置摄像机的焦点长度，该数值越小视野范围越大。

（9）新建一个文字层，输入文字“After Effects”，开启3D属性，切换到TOP视图，将文字层放置在靠近后墙的位置，效果如图5-2-10所示。

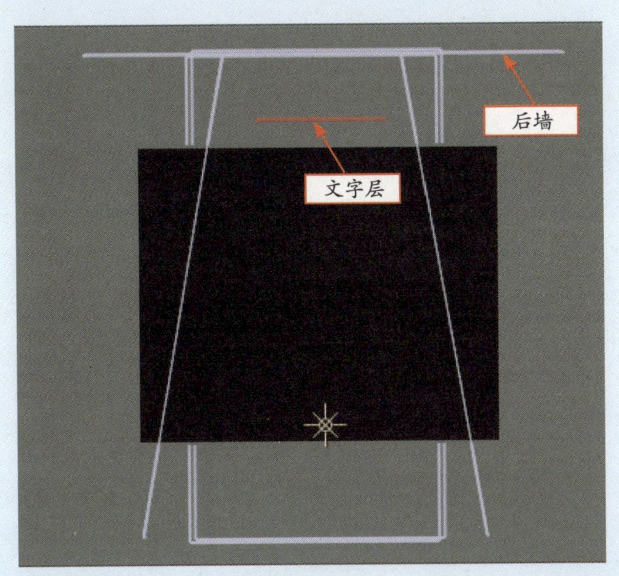

图5-2-10

（10）切换回Active Camera（活动相机）视图，展开文字图层的Material Options（材质选项）属性，设置Casts Shadows为On（角色阴影为开启状态），Accepts Lights为Off（不接受灯光影响），如图5-2-11所示。

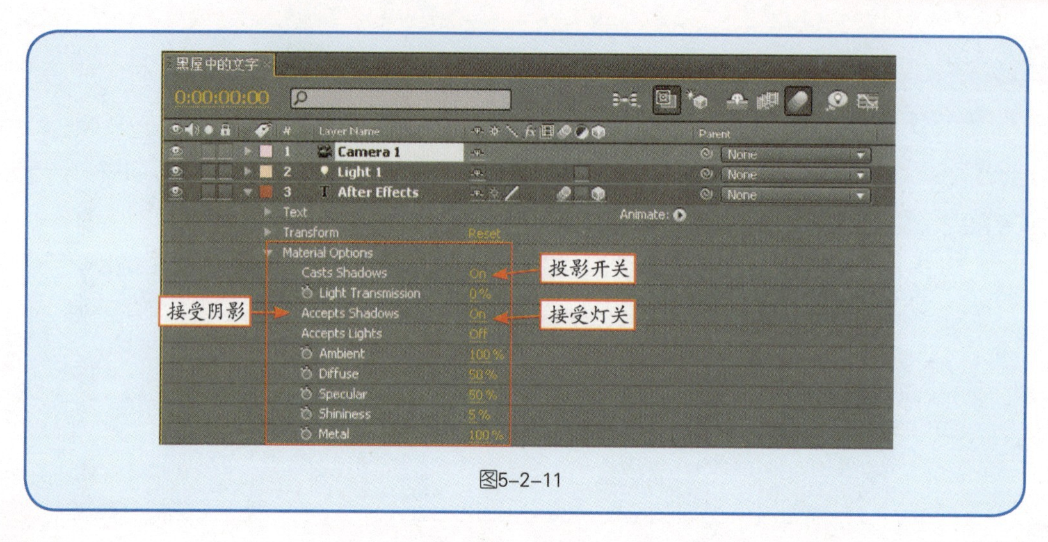

图5-2-11

知识窗

材质系统

在场景中设置灯光后，场景中的层如何接受灯光照明，将由层的材质属性控制。每个3D层都有材质属性，展开层的Material Options（材质选项）可对材质属性进行设置，如图5-2-11所示。

● Casts Shadows　该选项决定当前层是否产生投影。默认是Off，不产生投影。

● Accepts Shadows　该选项决定当前层是否接受投影，默认是On，接受投影。

● Accepts Lights　该选项决定当前层是否接受场景中的灯光影响，默认是On，接受灯光影响。

（11）回到时间线第0 s处，展开摄像机图层属性，在Point of Interest（兴趣点）和Position（位置）项上添加关键帧。

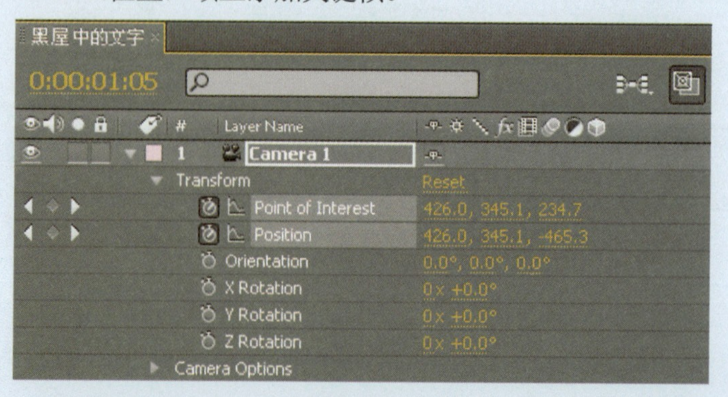

图5-2-12

（12）在工具栏中选择摄像机工具中工具，将视角调整到画面的右下角，如图5-2-13（a）所示。转到第2 s处，将视角调整到画面的右上角，并配合工具拉近与文字的距离，效果如图5-2-13（b）所示。

（a）

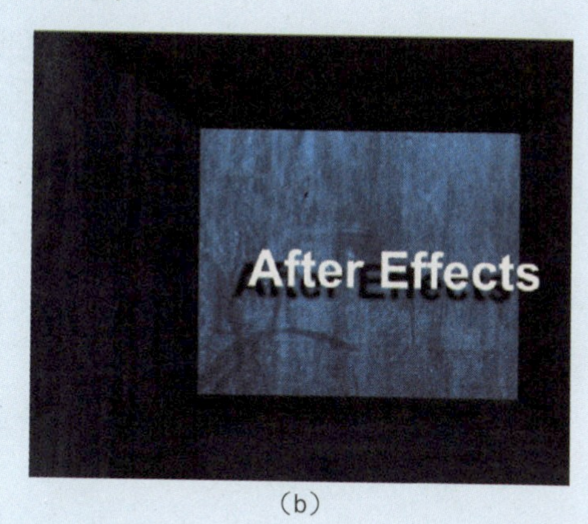

（b）

图5-2-13

知识窗

目标点和观察点

Point of Interest 参数为摄像机目标点，摄像机以目标点为基准观察对象，当移动目标点时，观察范围随之改变。

Position参数为摄像机在三维空间中的位置参数，该参数可以调整摄像头位置。一般调整可以利用摄像机工具。

摄像机工具

自由操作摄像机：配合鼠标左键为旋转工具，配合滚轮为移动工具，配合右键为拉伸工具。

旋转摄像机视图：左右拖动鼠标可水平旋转摄像机视图，上下拖动鼠标可垂直旋转摄像机视图。

移动摄像机视图：左右拖动鼠标可水平移动摄像机视图，上下拖动鼠标可垂直移动摄像机视图。

沿Z轴拉推摄像机视图：将光标移动到摄像机视图中，向下移动鼠标可拉远摄像机，向上移动鼠标可近远摄像机。

（13）选中Camera1层中的4个关键帧，按F9键可实现Easy Ease（渐入渐出）效果。开启所有图层的运动模糊开关和运动模糊总开关，其时间线面板如图5-2-14所示。

图5-2-14

（14）导入“配套光盘/模块五/黑屋中的文字/黑屋背景音乐.mp3”背景音乐，拖入时间线面板中作为单独一层。

（15）按Ctrl+S快捷键保存工程文件,然后按Ctrl+M快捷键渲染输出。

课后练习

参照本任务中的教学实例制作黑屋中的文字动画。制作要求如下：

①新建一个Null Object空对象层。

②开启空对象层的3D属性。

③开启时间线窗口中的Parent面板，利用父子关系将摄像机层的父亲层指定为Null Object空对象层。

④利用对该空对象层空间位置的改变来间接控制摄像机。

任务三 黑客帝国数字矩阵——Particle Playground粒子系统

任务概述

本任务通过制作黑客帝国数字矩阵来讲述AE CS4中自带的粒子系统Particle Playground的使用，从而了解粒子发射系统的原理，掌握常见参数的使用方法。

设计效果

打开“配套光盘/模块五/数字雨/数字雨.wmv”文件，其动画效果截图如图5-3-1所示，绿色的数字雨背景下，“黑客帝国”等金属字样不停闪烁。

图5-3-1

步骤解析

（1）启动AE CS4软件，按Ctrl+N快捷键新建一个合成，其参数设置如图5-3-2所示。

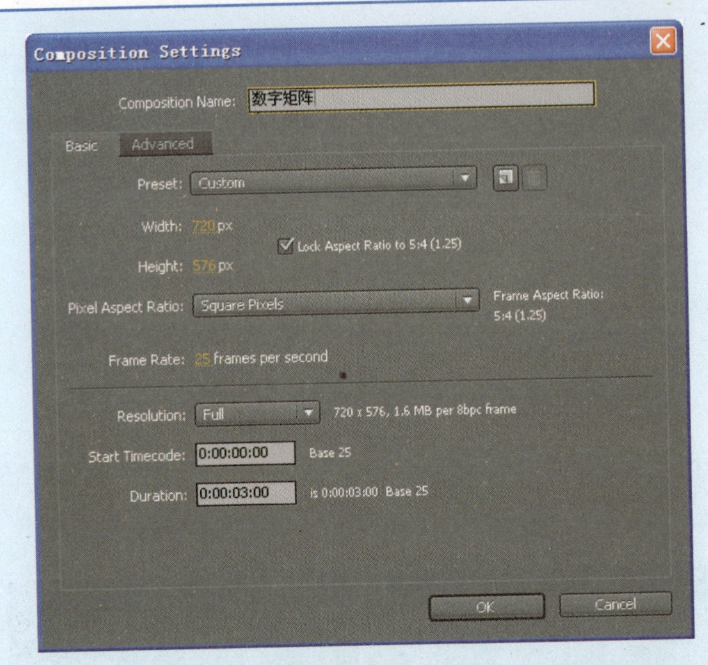

图5-3-2

（2）按Ctrl+Y快捷键新建一个固态层，命名为“数字头”，参数设置如图5-3-3所示。

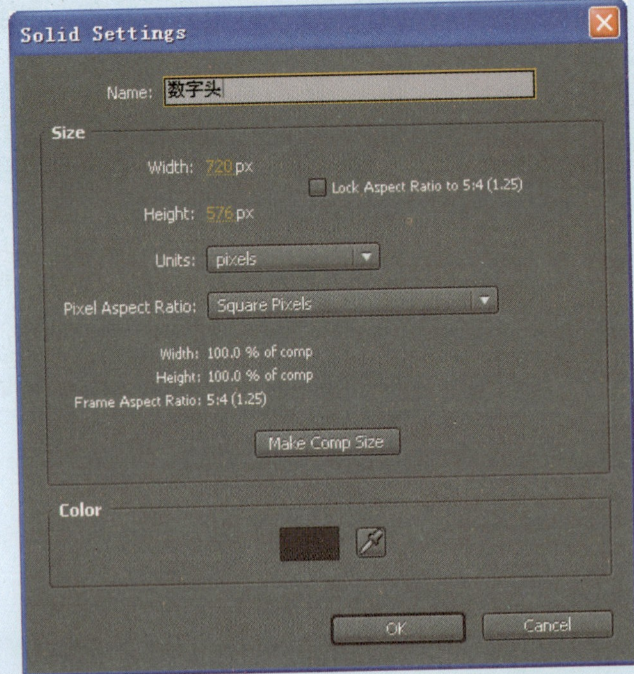

图5-3-3

（3）在时间线面板中右击数字头层，执行“Effect/Simlation/Particle Playground”（粒子游乐场）命令，在特效面板中设置其参数，如图5-3-4所示。

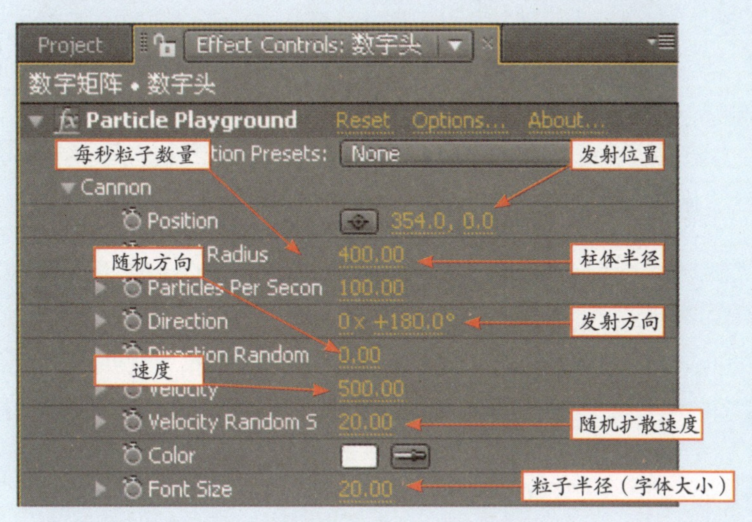

图5-3-4

知识窗

Particle Playground粒子系统

Particle Playground实际上包含Cannon、Grid、Layer Exploder和Particle Exploder4个粒子系统，其含义如下：

① Cannon（加农炮） 粒子根据指定的方向和速度发射。

- Position 设定粒子发射源的位置，由X、Y坐标控制。
- Barrel Radius 设置粒子的活动半径。
- Particles Per Second 每秒中发射的粒子数量。
- Direction 粒子发射方向。默认情况下粒子垂直向上发射。
- Direction Random Spread 粒子发射的随机偏移方向。在粒子向一个方向发射的时候，可以有一个角度的偏移。如果数值比较低，粒子流就会高度集中；相反，如果数值比较高，发射的粒子流就会比较分散。
- Velocity 粒子发射的速度，数值越高，粒子发射速度越快；数值越低，粒子发射速度就越慢。
- Velocity Random Spread 子发射速度的随机变化。
- Color 粒子的颜色。

● Particle Radius　粒子的半径。

② Grid（网格）　在一组网格的交叉点处生成一个连续的粒子面，其中的粒子运动只受重力、排斥力、墙和映像的影响。默认情况下，粒子向窗口的下方飘落。

③ Layer Exploder　设置一个层作为粒子源，使用它可以模拟出爆炸效果。Explode Layer：指定要爆炸的层。

④ Particle Exploder　设置一个粒子分裂成为许多新的粒子。利用它可以模拟出爆炸、烟火等效果。

⑤ Layer Map　设置粒子贴图，可指定任意层中的图像（无论是静态的图片还是动态的视频）作为粒子贴图来替换粒子。Use Layer参数设置使用哪个图层作为映像。

⑥ Gravity　设置重力场参数，可模拟自然界中的重力现象。

● Force　重力大小，数值越大，重力影响力就越大。此值为正值时，重力会沿重力方向影响粒子，如果是负值，则会沿重力反方向影响粒子。

● Force Random Spread　重力的随机速度。值为0，则所有的粒子都以相同的速度下落，值大于0，粒子的下落速度就会各不相同。

● Direction　重力方向。

（4）单击图5-3-4中红线中的 Options... 按钮，弹出“Particle Playground”对话框。单击 Edit Cannon Text... 按钮，在弹出的对话框中输入“0123456789”，如图5-3-5所示，这时发现粒子已经变成数字了。

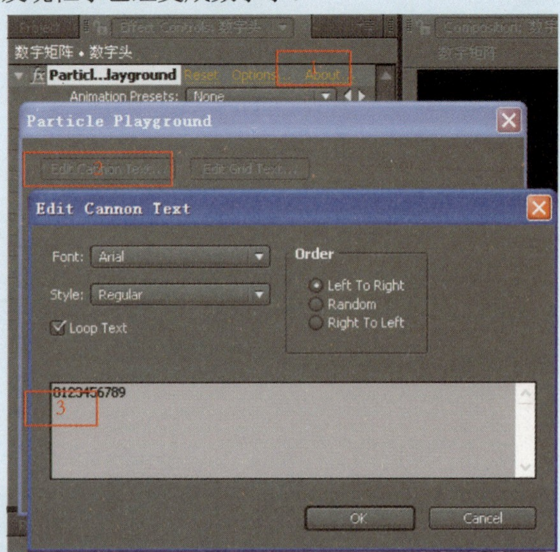

图5-3-5

（5）选中时间线面板中的“数字头”层，执行“Effect/Stylize/Glow（特效/风格化/辉光）”命令，增加一个辉光效果，其合成窗口如图5-3-6所示。

图5-3-6

（6）选中时间线面板中“数字头”层，按Ctrl+D快捷键复制出一个图层，命名“数字尾”，放在“数字头”层的下面，如图5-3-7所示。

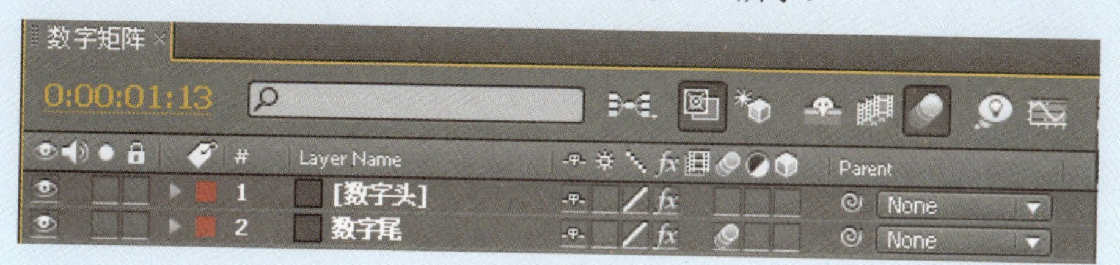

图5-3-7

（7）选中时间线面板中的“数字尾”层，修改Particle Playground中Cannon（加浓）粒子的Color（颜色）颜色为绿色（#00FF00）。执行“Effects/Time/Echo（特效/时间/拖尾）”命令，实现重影特效。其参数设置如图5-3-8（a）所示，效果如图5-3-8（b）所示。

（a）

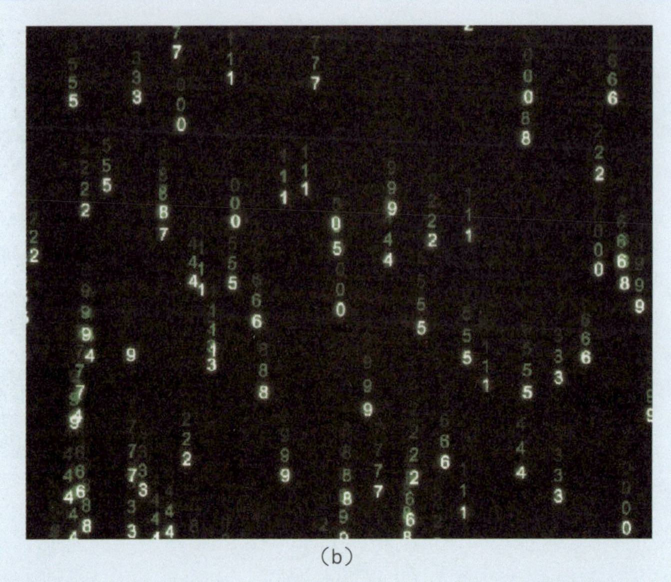

（b）

图5-3-8

（8）新添一个文字层，输入文字“黑客帝国”，调整字体、字号以及字间距等，依次执行“Effects/Generate/Ramp（特效/生成/渐变）”命令，实现渐变特效。执行“Effects/Perspective/Bevel Alpha（特效/透视/例角/Alpha）”命令，实现倒角效果。执行“Effects/Color Correction/Curves（特效/色彩调整/曲线）命令，实现曲线调整色彩，按图5-3-9（a）所示设置参数。文字最终效果依次如图5-3-9（b）所示。

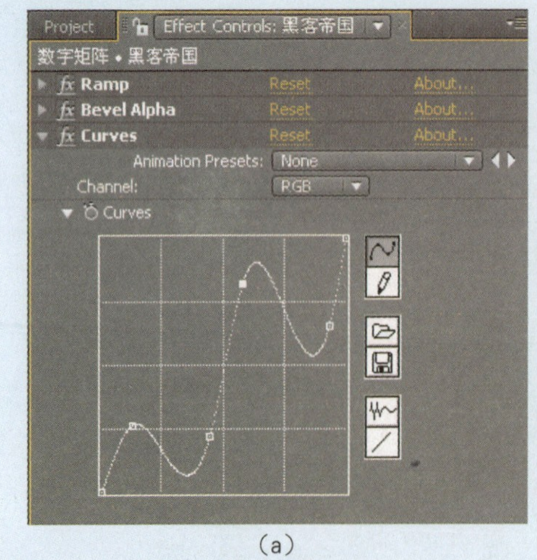

（a）

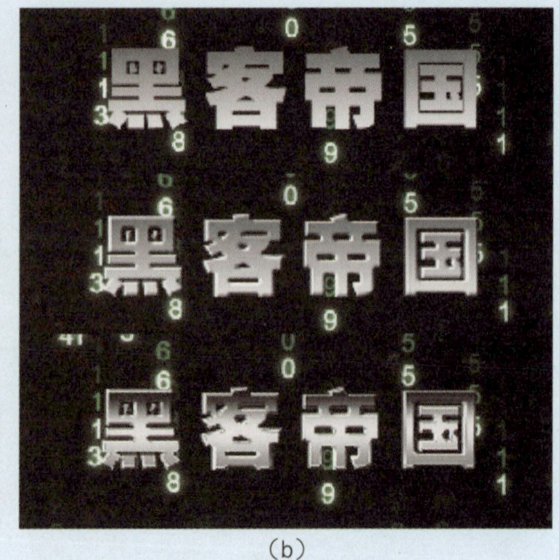

（b）

图5-3-9

（9）右击时间线面板中的文字图层，执行“Effects/Stylize/Glow（特效/风格化/发光）”命令，加入辉光效果。展开Glow（发光）特效属性，在Glow Intensity（发光强度）项上按下关键帧记录器，在时间线第1 s位置改变发光强度Intensity的数值，分别设置3个点的发光强度为0、2、0，制作一个光芒忽闪的的效果，如图5-3-10所示。把制作好的3个关键帧复制粘贴到时间线第2 s的位置，再闪烁一次。

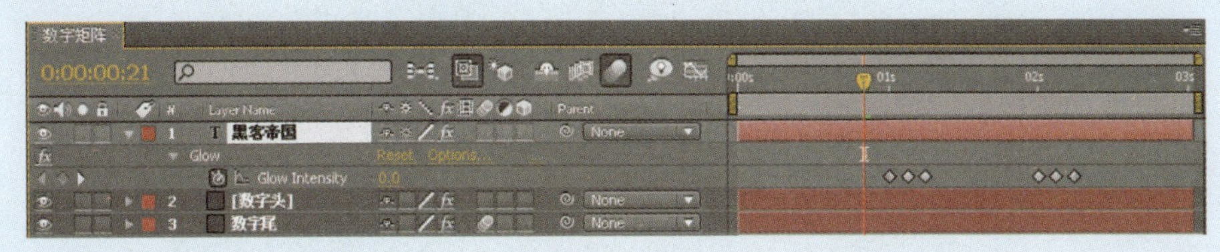

图5-3-10

（10）再添加一个文字图层，输入“MATRIX”，调整字体、字号、位置、字间距。展开“黑客帝国”图层属性，将其中的文字特效全部复制粘贴到MATRIX层中。注意MATRIX图层与黑客帝国层在闪烁时间上有先后之别，如图5-3-11所示。

图5-3-11

（11）导入“配套光盘/模块五/数字雨/数字雨背景音乐.MP3”背景音乐，并拖入时间线面板中一个新图层中。

（12）开启“数字尾”层的运动模糊按钮，开启整个合成的运动模糊总开关按钮。

（13）按Ctrl+S快捷键保存工程文件，然后按Ctrl+M快捷键渲染输出。

课后练习

制作花瓣雨动画。

提示

导入“配套光盘/模块五/数字雨/花.psd”作为素材导入到合成中，加入Particle Playground特效，设置相应参数，特别是粒子系统中Layer Map（层贴图）下的Use

Layer（用户图层）应选择导入的“花”这一层作为发射对象，如下图所示。

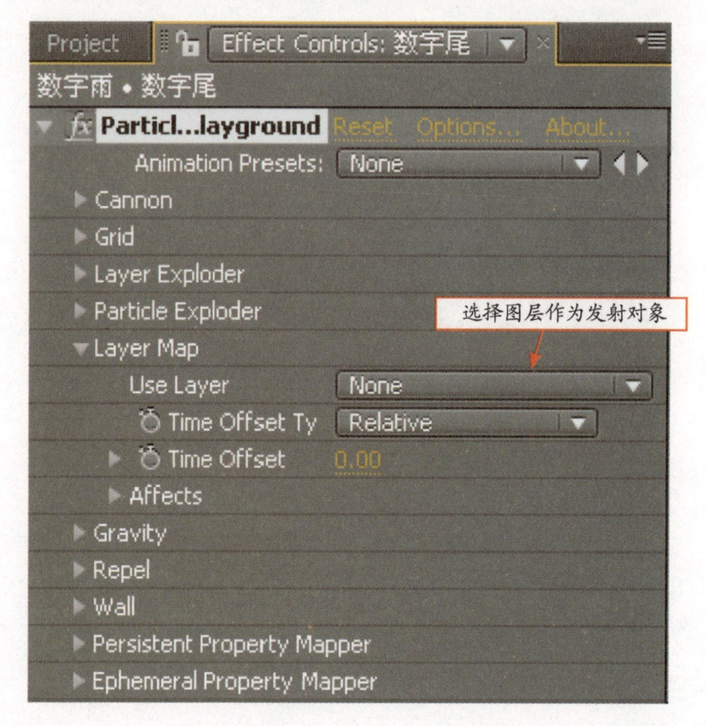

任务四 缤纷雨滴——Trapcode Particular粒子系统

任务概述

本任务通过运用Trapcode 公司的Particular粒子系统制作仿真雨滴特效，从而进一步深入了解粒子系统，理解该粒子系统的特有的一些设置参数。

设计效果

打开“配套光盘/模块五/缤纷雨滴/缤纷雨滴.wmv”文件，其动画效果截图如图5-4-1所示，纷飞的雨点滴落在水中，泛起点点涟漪。

图5-4-1

知识窗

AE插件的安装方法

除了AE软件自带的特效滤镜插件之外，第三方公司为AE开发了很多实用的外挂插件。插件文件们于AE安装目录下的Support/FilesPlug-ins文件夹里，扩展名为.aex。

AE插件常见的安装方法有两种，一种是插件本身有安装程序，这种只需运行相应的安装程序就可以完成安装了。如果出错可能是插件所适应的AE版本或安装位置不正确。另外一种插件直接是.aex文件，这种需要直接把文件拷贝到AE安装目录下的Support/FilesPlug-ins文件夹里即可。如果不能正常运行可能是插件所适应的AE版本或者.aex文件的只读属性没有去掉。

插件不是万能的，一般只安装几个著名公司的精品插件即可。如果确实需要安装较多的插件，建议用临时目录把暂时不需要的.aex文件移过去，需要的时候再还回来。这样既可以避免插件过多占用系统资源，影响速度，又可以避免插件间的相互冲突而影响AE的稳定性。

步骤解析

（1）启动AE CS4软件，按Ctrl+N快捷键新建一个合成，其参数设置如图5-4-2所示。

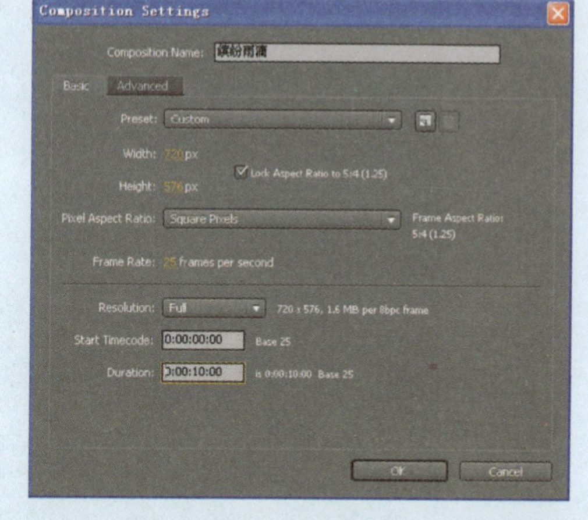

图5-4-2

（2）导入“配套光盘/模块五/缤纷雨滴/鹅卵石.jpg”文件，拖到合成窗口中，执行“Effects/Color Correction/Curves（特效/色彩调整/曲线）”命令，用曲线调整图片的亮度，使图片变暗一点，特效面板如图5-4-3所示。

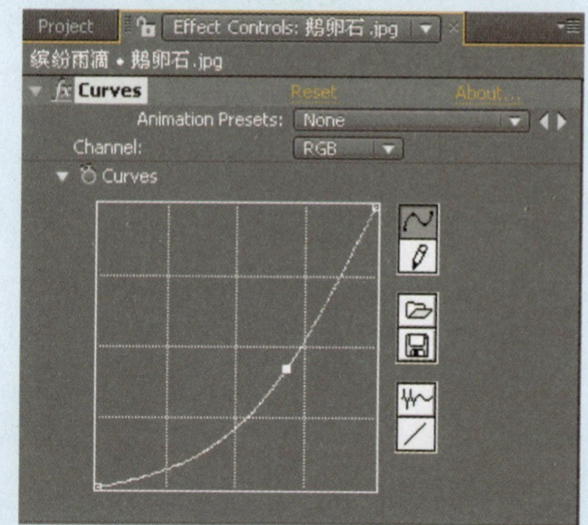

图5-4-3

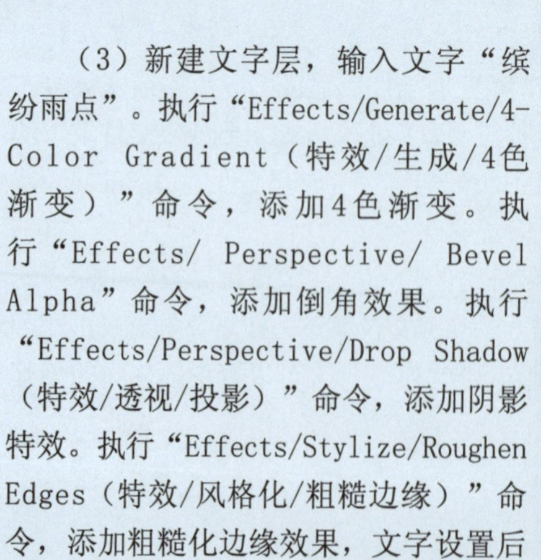

（3）新建文字层，输入文字“缤纷雨点”。执行“Effects/Generate/4-Color Gradient（特效/生成/4色渐变）”命令，添加4色渐变。执行“Effects/ Perspective/ Bevel Alpha”命令，添加倒角效果。执行“Effects/Perspective/Drop Shadow（特效/透视/投影）”命令，添加阴影特效。执行“Effects/Stylize/Roughen Edges（特效/风格化/粗糙边缘）”命令，添加粗糙化边缘效果，文字设置后的效果如图5-4-4所示。

图5-4-4

（4）按Ctrl+Y快捷键新建固态层，命名为“雨滴”。执行“Effects/Trapcode/Particular（特效/Trapcode/粒子）”命令，加入粒子特效，如图5-4-5所示。

图5-4-5

（5）在特效面板中，按图5-4-6所示设置Particular粒子系统的Emitter（发射器）的参数值。

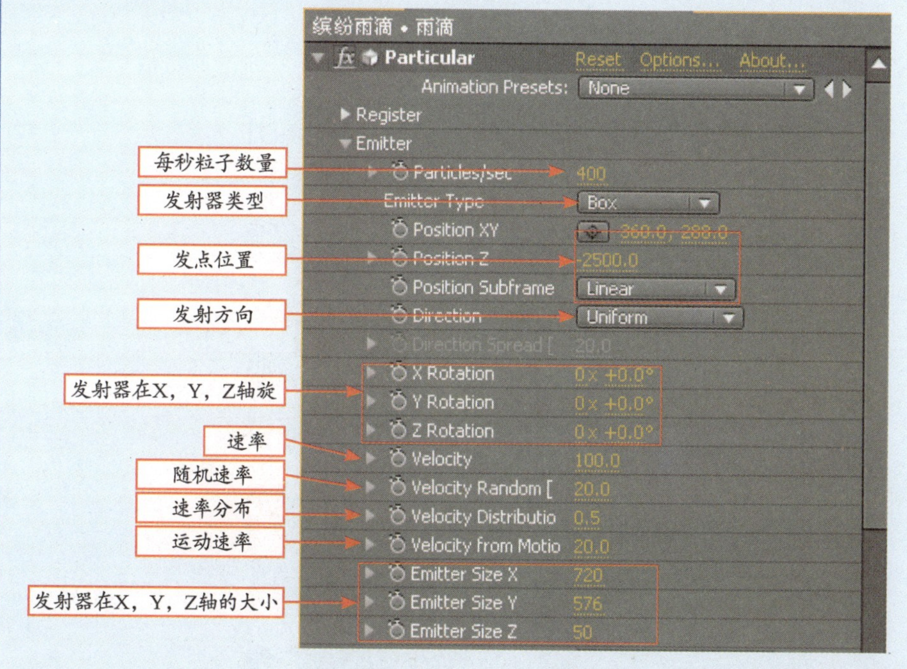

图5-4-6

（6）按图5-4-7所示设置Particular的Particular（粒子）参数值。

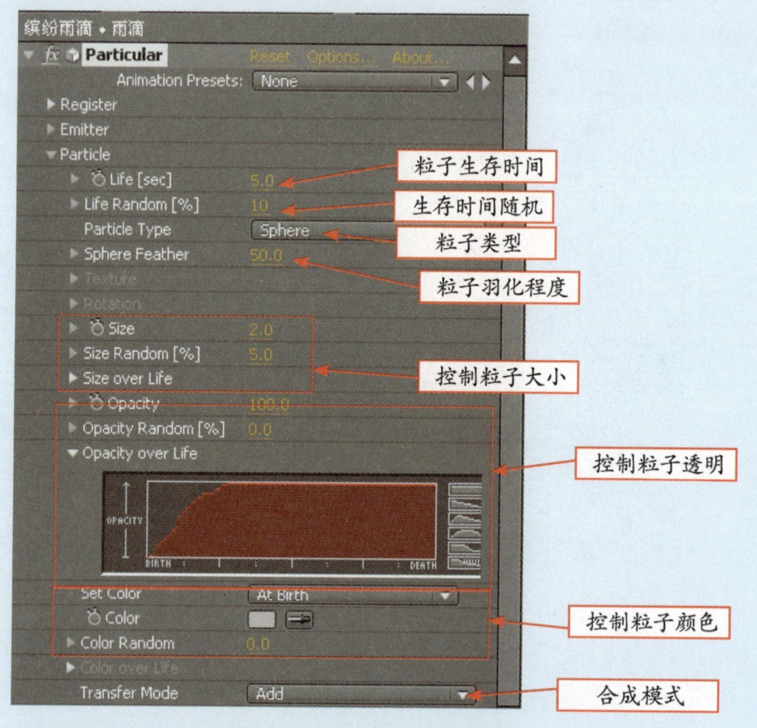

图5-4-7

（7）按图5-4-8所示设置Particular的Physics（物理）系统的参数值。

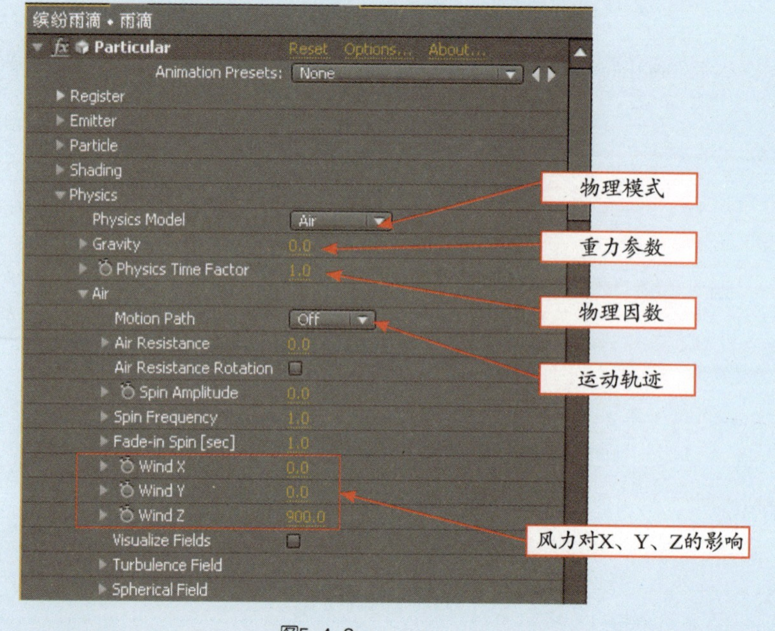

图5-4-8

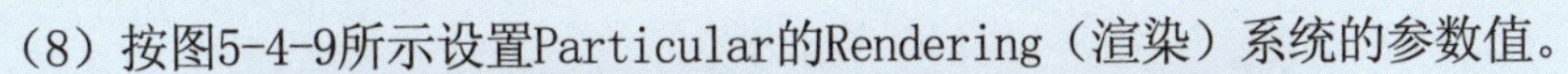
（8）按图5-4-9所示设置Particular的Rendering（渲染）系统的参数值。

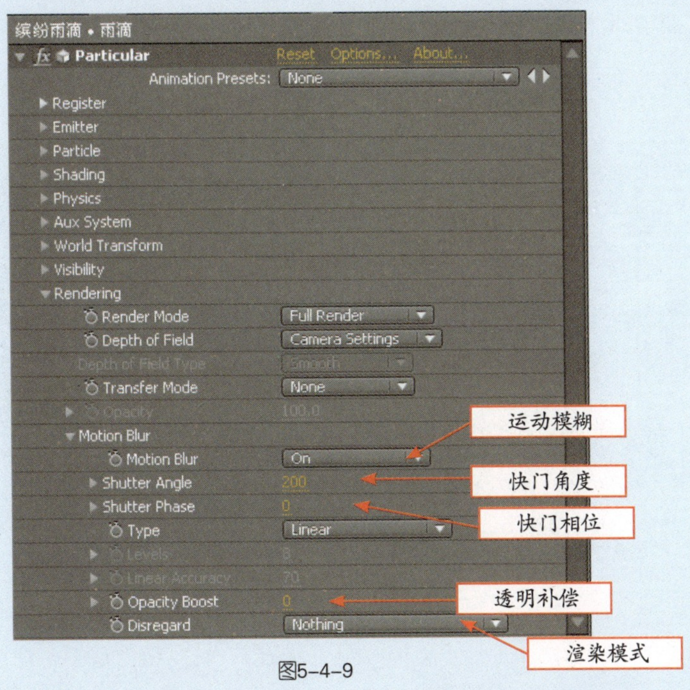

图5-4-9

（9）执行“Layer/New/Adjustment Layer（层/新层/调整图层）”命令，在雨滴在缤纷雨滴图层之间新建一个调整层，命名为“涟漪”。执行“Effects/Simulation/Trapcode/CC Drizzle”命令，添加涟漪效果，参数设置如图5-4-10所示。

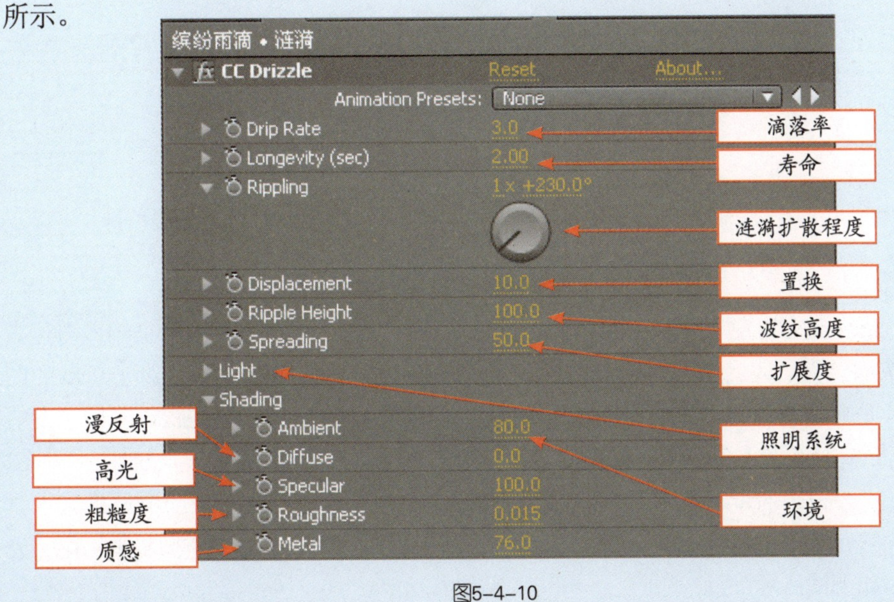

图5-4-10

（10）由于粒子系统开始的时候发射效果不好，粒子雨滴数量不够，所以在时间线面板中点中“雨滴层”滑块，将其整体向前拖动3 s左右，直到开始时就出现大量粒子，然后拖动“雨滴层”滑块的尾部延长至10 s位置，最终完成缤纷雨滴效果。

图5-4-11

（11）按Ctrl+S快捷键保存工程文件，然后按Ctrl+M快捷键渲染输出。

课后练习

使用Particular粒子系统制作飘动的火苗，重点掌握Emitter粒子发射器、Particle粒子以及Physics物理系统的参数设置。

知识窗

Trapcode Particular粒子系统

Trapcode公司发布了基于网格的三维粒子插件Particular ，可以用来制作自然效果，像烟、火、闪光等，可以产生有机的和高科技风格的图形效果，对于运动的图形设计是非常有用的。该粒子系统功能强大，参数众多，主要包括Emitter粒子发射器、Particle粒子参数设置、Shading着色系统、Physics物理子系统、AuxSystem Aux子系统、World Transform粒子场位置、Visibility可见性、Rendering渲染模式等。在AE中它是最好的粒子插件。Trapcode Particular自带了一些预置效果如礼花、光影等，如下图所示。

礼花

光影

键控抠像处理特技

模块综述

在科幻电影中，演员在虚拟的场景中与使用三维软件创建出来的怪物进行打斗；在电视里，主持人在蓝屏前主持节目，电视播出时，却可以将它的背景换成风景、海洋、宇宙等等。在AE CS4中，键控抠像技术是通过定义图像中的特定范围的颜色值或者亮度值来获得透明的通道，当这些特定的值被键出，所有的具有这个相同颜色或者亮度的像素就变透明了。也就是说使用一个经过键控的视频叠加在其他视频上面，视频透明的地方就显示出其他的背景图层了。

通过这个模块的学习，你将可以：

- 掌握使用Color Key滤镜扣除背景单一的图像。
- 掌握使用Keylight滤镜快速抠像。

任务一　提取单一颜色——Color Key的应用

任务概述

本任务通过一张背景颜色比较单一的图片练习使用Color Key滤镜抠像的一般方法，并熟悉Color Key的相关参数的使用方法。

设计效果

打开“配套光盘/模块六/使用Color Key/叶子抠像后效果.wmv”文件，其效果如图6-1-1所示。

图6-1-1

知识窗

Color Key抠像滤镜通过指定一种颜色，然后将这种颜色和在指定范围内与这个颜色相似的颜色键出。使用Color Key进行抠像只能产生透明和不透明两种效果，所以它只适合扣除背景颜色变化不大、前景完全不透明以及边缘明确的素材，而对于那些前景具有半透明区域的素材就无能为力了。

步骤解析

（1）导入“配套光盘/模块六/使用Color Key/树叶.tif”文件，然后拖到时间线面板中，如图6-1-2所示。

图6-1-2

（2）执行“Effects/Keying/Color Key”命令，添加滤镜抠像特效，如图6-1-3所示。

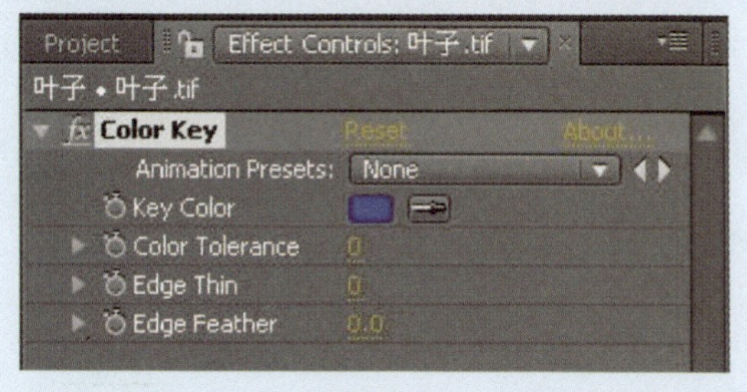

图6-1-3

（3）在特效面板中使用吸管工具 Key Color 来指定需要被键出的颜色，如图6-1-4所示。

图6-1-4

（4）拖拽Color Tolerance（颜色容差）滑块，设置需要被键出的颜色范围值为15。值越低，被键出的颜色范围越小；值越高，被键出的颜色范围越大，如图6-1-5所示。

图6-1-5

（5）拖拽Edge Thin（边缘厚度）滑块，设置键出边缘的厚度值为2。正值扩大屏幕蒙板的范围，增加透明区域；负值缩小屏幕蒙板的范围，减少透明区域，其范围在-5～5。如图6-1-6所示。

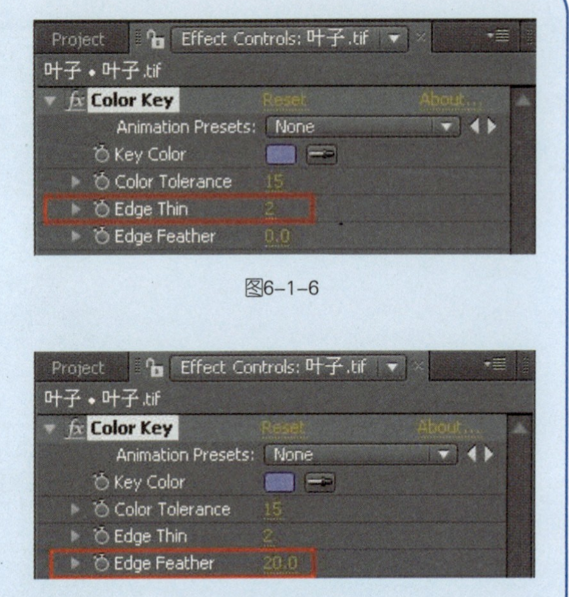

图6-1-6

（6）拖拽Edge Feather（边缘羽化）滑块，设置键出边缘的柔和度值为20。其值越大，创建的边缘就越柔和，渲染和预览花费的时间也就越长。如图6-1-7所示。

图6-1-7

（7）按Ctrl+S快捷键保存工程文件，然后按Ctrl+M快捷键渲染输出。

课后练习

将“配套光盘/模块六/使用Color Key/花.jpg”的背景抠出，并换上自己喜欢的背景。

任务二 快速合成视频背景——Keylight的应用

任务概述

本任务通过两个视频素材，一个作为前景的将要被抠像的素材，另外一个是作为背景的素材进行视频背景的替换。

设计效果

打开“配套光盘/模块六/使用Keylight/SaintFG.wmv”文件，其效果如图6-2-1所示。

(a)

(b)

图6-2-1

知识窗

使用Keylight抠像滤镜可以很轻松的扣除带有阴影、半透明或者是毛发等素材，可以清除抠像蒙版边缘的溢出颜色，这样就使得前景和合成背景能更加协调。

步骤解析

（1）导入“配套光盘/模块六/使用Keylight”文件夹下的SaintFG.tif和SaintBG.tif文件，然后拖到时间线面板中，注意让SaintFG.tif素材位于SaintBG.tif之上，如图6-2-2所示。

图6-2-2

（2）执行“Effects/Keying/Keylight1.2（特效/键控/键控灯1.2）”命令，添加滤镜抠像特效，如图6-2-3所示。

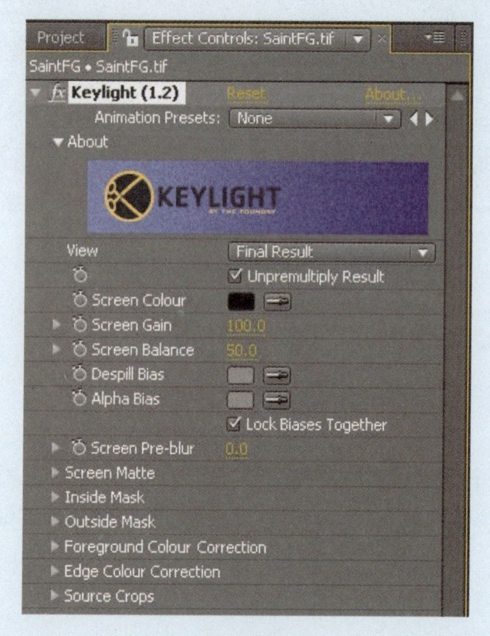

图6-2-3

（3）使用颜色取样“吸管工具”在“合成”预览窗口中取样前景视频中要键出的颜色，由于边上的车窗处有反射的影子，所以在取样键出颜色的时候最好选择后车窗挡风玻璃处的颜色，如图6-2-4所示。

图6-2-4

（4）按Ctrl+S快捷键保存工程文件，然后按Ctrl+M快捷键渲染输出。

课后练习

合成“配套光盘/模块六/使用Keylight”文件夹下的素材“MerlinBlueBG.tif和MerlinBlueFG.tif”，完成背景替换。

模块七

调　色

模块综述

在影视前期拍摄时，由于一些客观条件的影响，造成拍摄时得到的素材画面曝光过度或曝光不足，甚至严重偏色，因此需要进行色彩校正处理。在AE CS4中，使用调色滤镜中的直方图可查看视频图片中高光、阴影和各个像素色阶的分布，调整它们可以改变画面的整体效果。

学习完本模块后，你将能够：

- 掌握应用Levels滤镜校色的方法。
- 掌握应用Curves滤镜校色的方法。
- 掌握应用Hue/Saturation滤镜校色的方法。

任务一 还原水杯颜色——Levels（色阶）滤镜对画面影调的重新分布

任务概述

本任务通过“还原水杯颜色”实例的制作，讲述对画面的高光和阴影进行调节，达到调整视频偏色的效果。

设计效果

打开“配套光盘/模块七/偏色.wmv”文件，将看到调色前和调色后的效果，如图7-1-1所示。

（a）

（b）

图7-1-1

步骤解析

（1）启动AE CS4软件，执行“File/Import/File”命令，导入“配套光盘/模块七/偏色.avi”文件，直接拖动素材到时间线面板中，如图7-1-2所示。

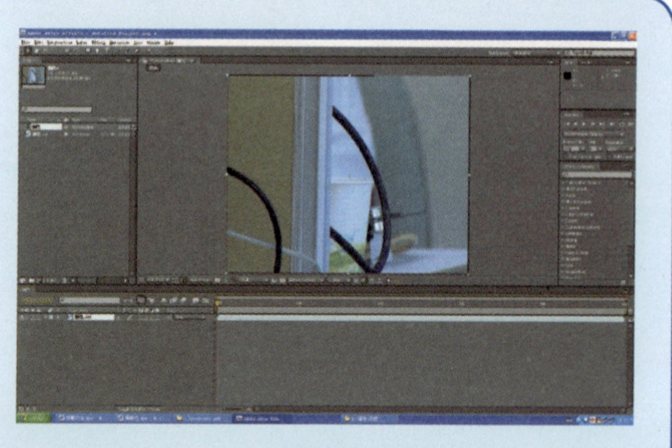

图7-1-2

（2）将鼠标移动到背景的中度灰点上，观察Info面板中显示的颜色信息，如图7-1-3所示。

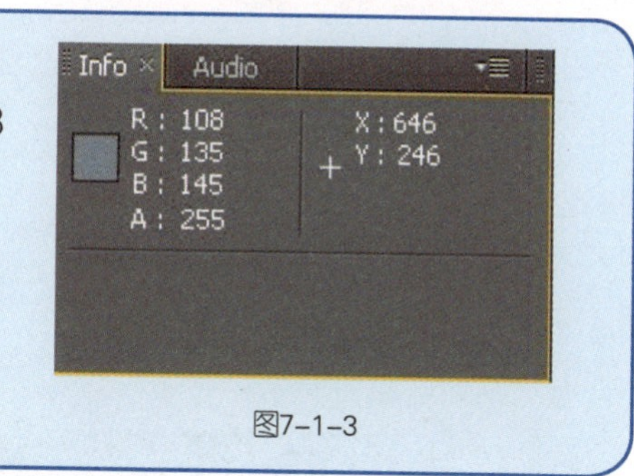

图7-1-3

知识窗

画面上的任何一点可定义为中度灰点，但是一定要选择中间调，否则高光部分通道信号就会被剪掉，不能再调整回来。

第（2）步中Info面板显示的R、G、B的值分别为108、136、146，其中B的值最大，如此可确定B的值为画面的中度灰点的值。最亮的地方为255，这就需要调整其他颜色通道的色阶，以蓝色通道亮度提升的比例来提高红色和绿色通道的亮度，使其与蓝色通道相匹配。计算方法如下表所示：

通道	原始值	系数	最终值
R	108	1.75	189
G	136		238
B	146		255

（3）执行“Effects/Color Correction/Levels（特效/色彩调整/色阶）”命令，根据上表计算出来的最终值依次调节Levels的R通道和G通道的Input White（输入白值）值，如图7-1-4所示。

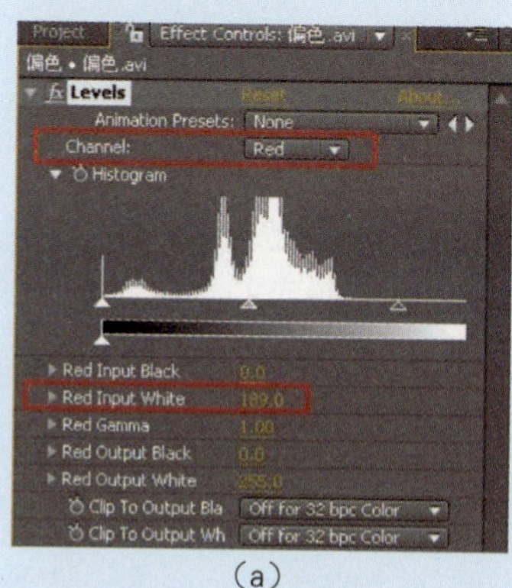

（a）

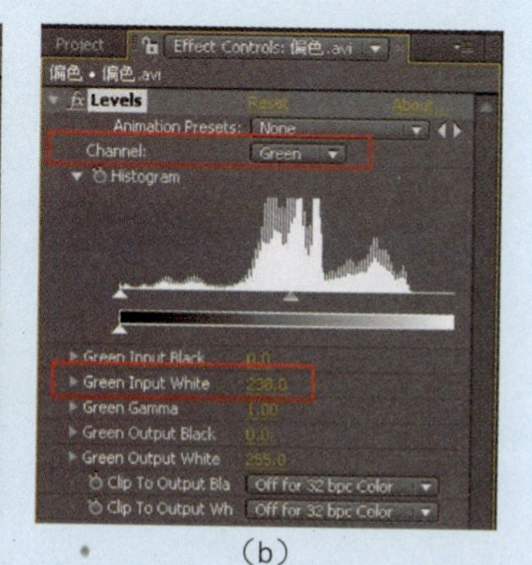

（b）

图7-1-4

（4）按Ctrl+S快捷键保存工程文件，然后按Ctrl+M快捷键渲染输出。

知识窗

色阶调整参数，如下图所示。

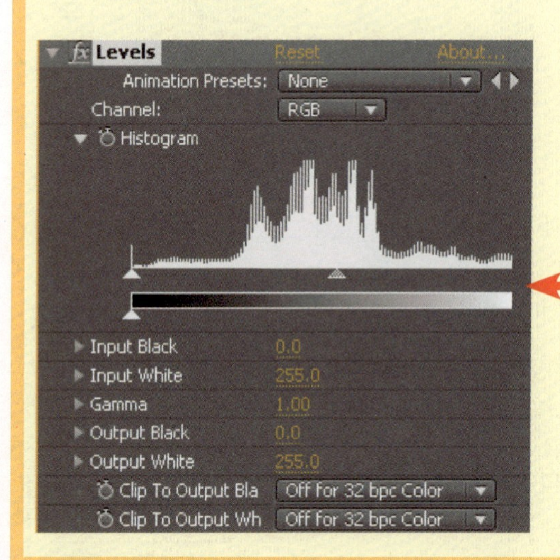

Channe：通道选择，可分别对RGB、R、G、B和Alpha通道的色阶单独调整。
Histogram：各个影调的像素在图像中的分布情况。
Input Black：控制输入图像中黑色的阀值，在直方图中，由左边的黑色小三角形滑块控制。
Input White：控制输入图像中黑色的阀值，在直方图中，由左边的黑色小三角形滑块控制。
Gamma：伽马值设置，在直方图中，由中间的灰色小三角形滑块控制，在一定程度上影响到中间调，改变了整个图像的对比度。
Onput Black：控制输出图像中黑色的阀值，在直方图中，由下面色条左边黑色小三角形滑块控制。
Output White：控制输出图像中黑色的阀值，在直方图中，由下面色条右边黑色小三角形滑块控制。

课后练习

参照本任务中的实例调整视频中杯子的偏色。

任务二　改变照片效果——使用Curves（曲线）滤镜调节画面对比度

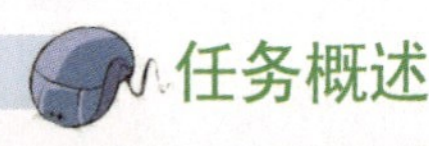

任务概述

本任务通过使用Curves滤镜来改变布达拉宫远景照片的对比度，达到照片中影调的整体效果改变。

设计效果

打开“配套光盘/模块七/布达拉宫.jpg”文件，将看到调色前和调色后的效果，如图7-2-1所示。

(a)

(b)

(c)

图7-2-1

步骤解析

（1）启动AE CS4软件，导入“配套光盘/模块七/布达拉宫.jpg”文件，拖到时间线面板中，如图7-2-2所示。

图7-2-2

（2）执行“Effects/Color Correction/Curves（特效/色彩调整/曲线）”命令，进行调色处理，将曲线拉成图7-2-3所示的形状。

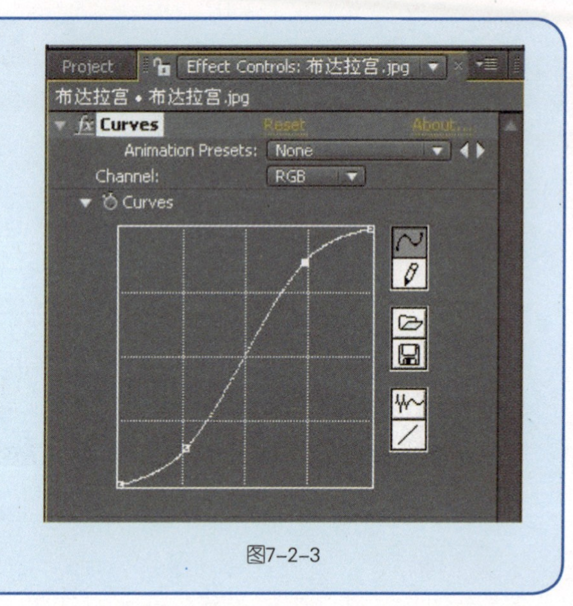

图7-2-3

知识窗

如果要增大画面的对比度可将Curves曲线调节成S状。应为S状的曲线正好是将画面中的较暗部分的Output亮度值降低，将画面中较亮部分的Output亮度值增大，这样就将影调中较暗部分和较亮部分的层次拉开了。

如果要降低画面的对比度可将Curves曲线调节成反S型曲线，因为反S型曲线正好是将画面中较暗的部分的Output亮度提升，将画面中较亮部分的Output亮度降低，这样就将影调中较暗部分和较亮部分的层次压缩了，如下图所示。

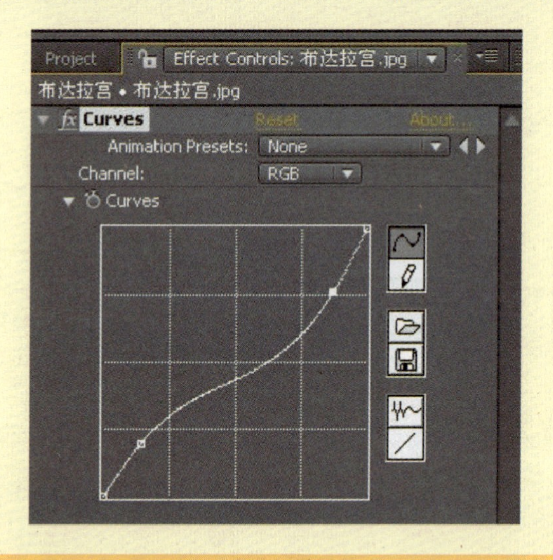

要使画面的影调过渡自然，曲线就需要比较光滑，如果两个Curvse曲线点靠得很近，就可能使得曲线上的两个点的过度不是很自然，从而产生过度曝光的效果。

（3）按Ctrl+S快捷键保存工程文件，然后按Ctrl+M快捷键渲染输出。

课后练习

仿照本任务中的教学实例调整图片的对比度。

任务三　深秋画面效果——使用Hue/Saturation（色相/饱和度）滤镜控制色调

任务概述

本任务通过使用Hue/Saturation（色相/饱和度）滤镜来改变森林图片的色调，达到深秋画面效果。

设计效果

打开“配套光盘/模块七/森林.jpg”文件，将看到调色前和调色后的效果，如图7-3-1所示。

(a)

(b)

图7-3-1

步骤解析

（1）启动AE CS4软件，导入“配套光盘/模块七/森林.jpg”文件，拖到时间线面板中，如图7-3-2所示。

图7-3-2

（2）执行“Effect/Color Correction/Hue/Saturation（色相/饱和度）”命令，使用该滤镜对画面中绿色部分进行颜色调整。在Channel Control（通道控制）中选择Green（绿色）通道，提取画面的绿色部分。在Channel Range（通道范围）中设置绿色通道的范围，Green Hue（绿色色相）为0×-80.0，Green Saturation（绿色饱和度）为10，如图7-3-3所示。

（3）按Ctrl+S快捷键保存工程文件，然后按Ctrl+M快捷键渲染输出。

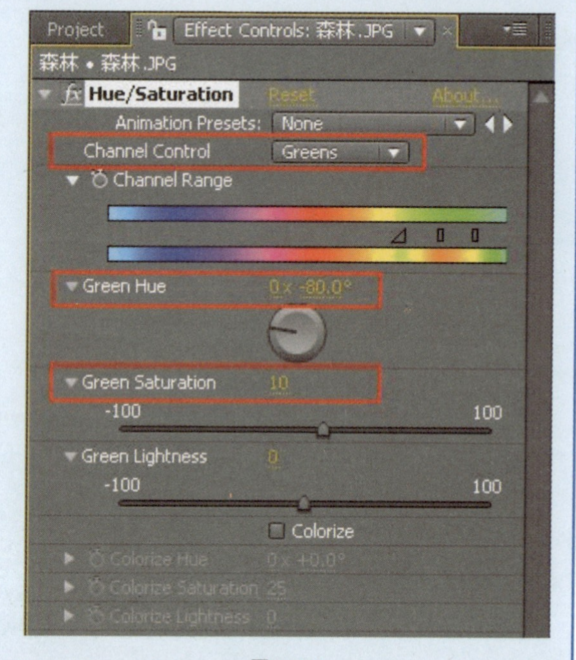

图7-3-3

知识窗

色相/饱和度特效面板

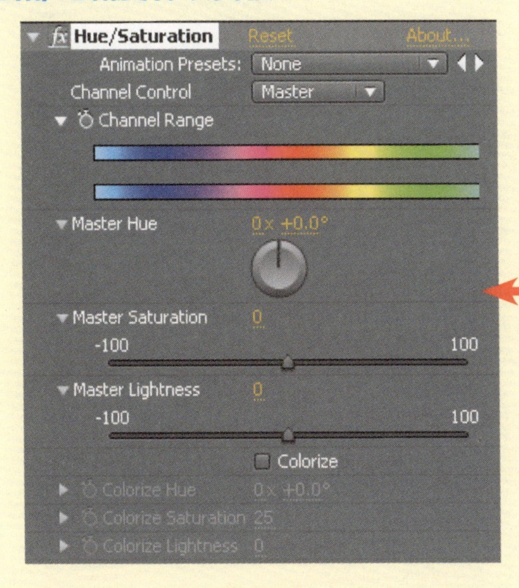

Channel Control:控制受滤镜影响的通道，当值为Master时,影响所有通道，当值不是Master时，调整Channel Range参数控制受影响通道的具体范围。

Channel Range：显示通道受影响范围。

Master Hue：控制指定颜色的色调。

Master Sturation：控制指定颜色通道的饱和度。

课后练习

参照本任务中的实例将图片改成傍晚的效果，如下图所示。

跟踪、稳定与表达式技术

模块综述

看电影时，是否为电影中人物举着卡车奔跑、像鸟一样穿梭于太空的镜头而叫绝呢，是否为神仙的点石成金之术而百思不得其解呢？其实这是影视后期中的常用特技。本模块将为你揭开这个秘密的原理，主要学习AE CS4中的跟踪技术、画面稳定技巧与利用表达式进行准确跟踪和特效制作技巧。

学习完本模块后，你将能够：

- 制作运动跟踪特技。
- 使用稳定技术消除视频中的抖动现象。
- 了解压AE表达式的原理。
- 制作炫舞场景。

任务一 追车的光晕——运动跟踪特技的应用

任务概述

运动跟踪就是使一个图层对象始终跟随在一个运动对象之后移动，本任务将通过“追车的光晕” 实例来讲述运动跟踪景象特技的基本操作方法。

设计效果

打开“配套光盘/模块八/追车的光晕/追车的光晕.wmv”文件，将看一个光晕跟随视频中的汽车移动的动画，图8-1-1是动画效果的截图。

图8-1-1

知识窗

AE中的运动跟踪原理

在AE中制作运动动画时，让一个图层跟随视频中的一个运动对象进行移动，这种操作被称为Track Mution（运动跟踪）。利用这个技术可以非常容易地完成一个比较复杂的位置动画设定，如运动的汽车加贴图标志，飞机添加一个喷雾效果等。

AE将通过图像帧内被选择区域的子像素和每个后续帧内的子像素进行匹配，实现对运动的跟踪。被跟踪对象是视频中的一个运动的对象，如视频中运动的小球、汽车等，跟踪对象是一个图层中的内容，可以是一幅图像、一个静态的文本等。

步骤解析

（1）启动AE CS4软件，然后按Ctrl+Alt+N组合键新建一个项目文件。

（2）按Ctrl+I快捷键导入“配套光盘/模块八/追车的光晕/car.avi”文件到项目面板中。

（3）选中car.avi视频素材，拖到项目窗口的创建一个新合成文件按钮上松开，创建一个与视频文件窗口同等大小的合成文件，如图8-1-2所示。

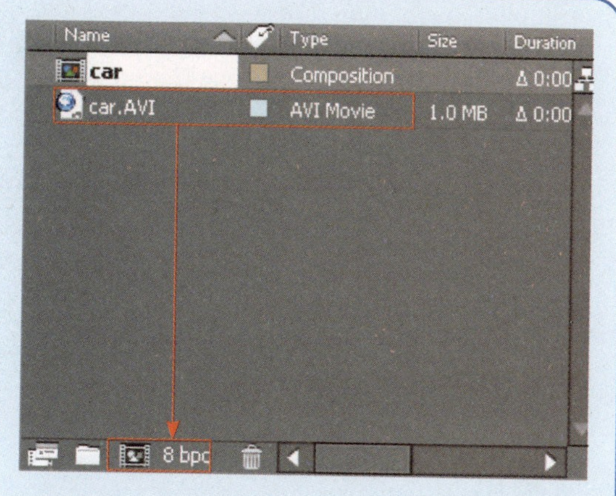

图8-1-2

（4）按Ctrl+K快捷键打开合成文件设置窗口，将合成文件的Duration（结束时间）设置为0:00:03:11即3分11秒。

（5）在时间线面板上的素材列表空白处单击鼠标右键，在弹出的快捷菜单中执行“New/Solid（新建/固态层）”命令，如图8-1-3所示。

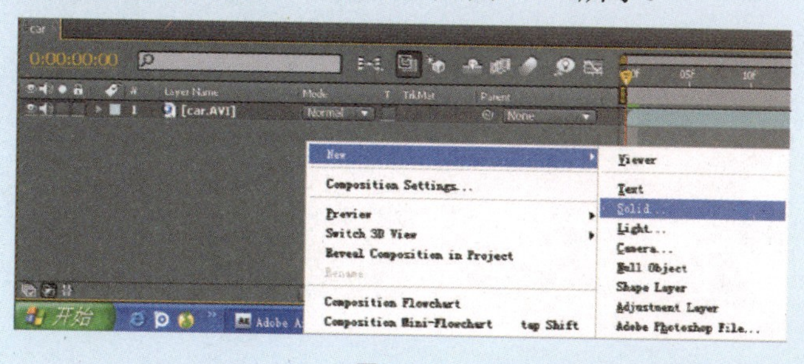

图8-1-3

（6）弹出“Solid Setting”（固态层设置）对话框，按图8-1-4所示设置固态层属性，然后单击 OK 按钮，新建一个固态层。

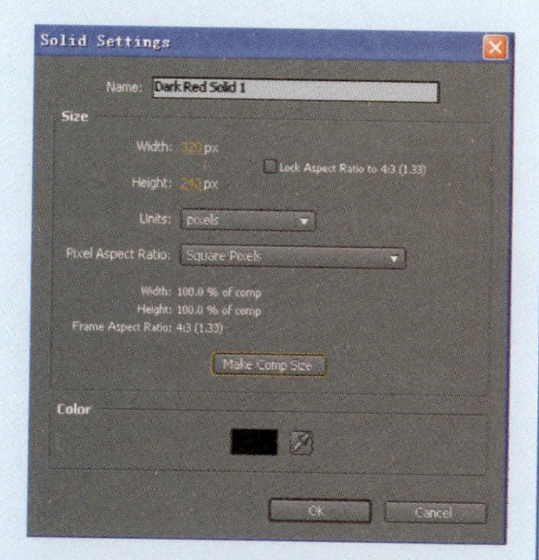

图8-1-4

（7）在时间线面板中选中Dark Red Solid1固态层，执行“Effects/Generate/Lens Flare（镜头光晕）”菜单命令，添加一个如图8-1-5所示的镜头光晕。

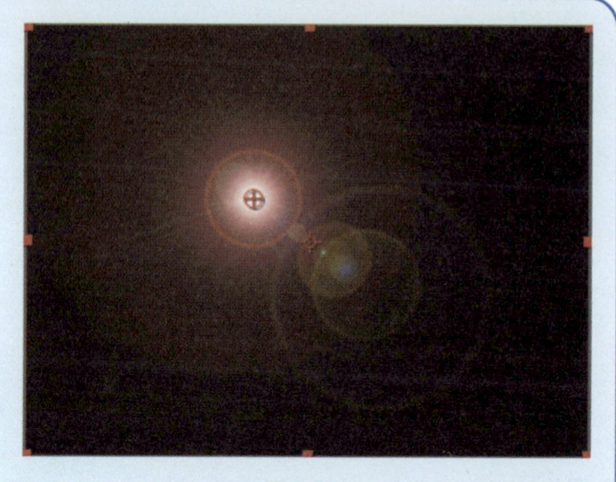

图8-1-5

（8）在Lens Flare特效面板中调整Flare Center（镜头中心）的值为160、120，参数面板如图8-1-6（a）所示，调整后的效果如图8-1-6（b）所示。

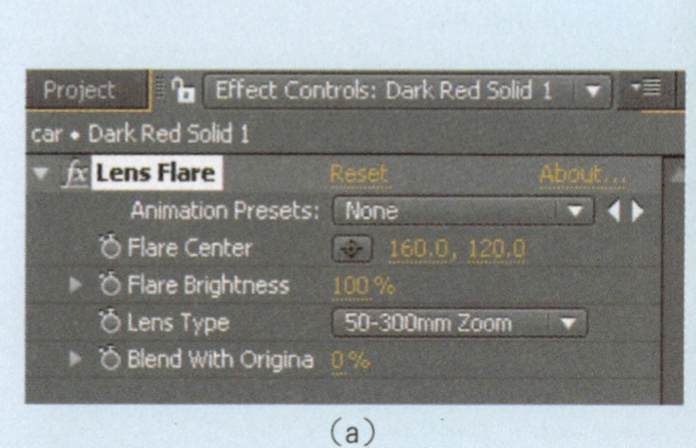

（a）

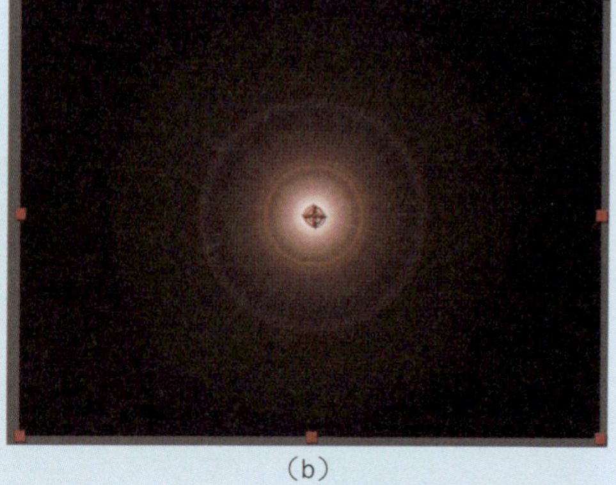

（b）

图8-1-6

（9）在时间线面板中单击Dark Red Solid1固态层的 Normal 按钮将图层模式修改为Screen（屏幕），此时合成窗口如图8-1-7所示。

图8-1-7

（10）选中Dark Red Solid1固态层，在时间线上按End键，使最后一帧成为当前帧，将光晕移到视频中黄色车的右边灯处，如图8-1-8所示。

图8-1-8

（11）选中car.avi视频层，执行“Animation/Track Motion（动画/运动跟踪）”命令，创建运动跟踪。将跟踪点Track Point1移到车的右灯位置，如图8-1-9所示。

图8-1-9

（12）在图8-1-10（a）所示的Track面板中，单击向前分析◀按钮，可看见跟踪点的移动位置，如图8-1-10（b）所示。

（a）

（b）

图8-1-10

知识窗

跟踪面板

当执行“Animation/Track Motion（动画/创建运动跟踪）”命令时，可调出如下图所示的跟踪面板。

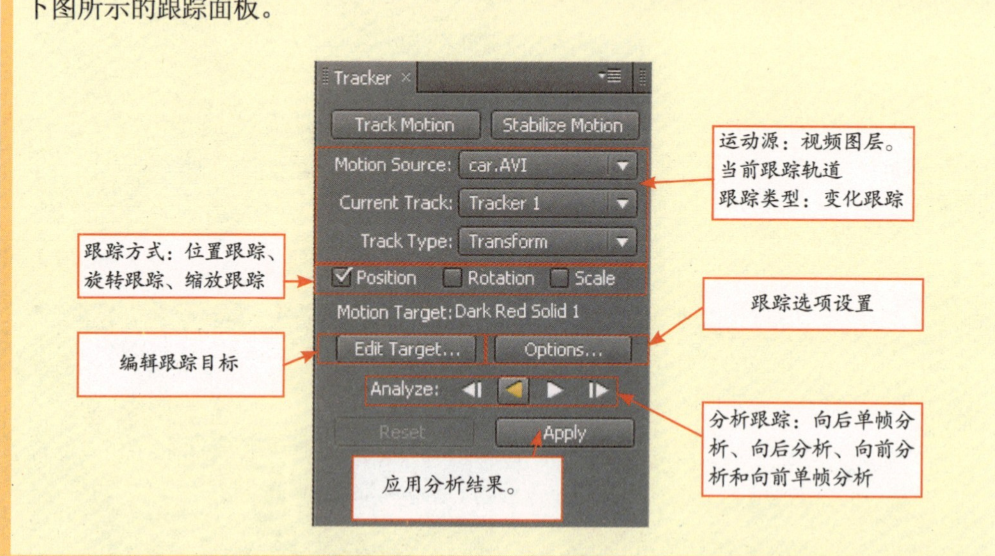

（13）单击Tracker面板中的分析按钮 Apply ，弹出图8-1-11（a）所示的“Motion Tracker Apply Options“（跟踪应用选项）对话框，选择如图所示的选项，然后单击 OK 按钮，最后效果如图8-1-11（b）所示。

Motion Tracker Apply Options

Apply Dimensions: X and Y

OK　Cancel

（a）　（b）

图8-1-11

（14）按小键盘上的数字0键预览，可看见光晕跟随黄色的汽车移动了。

（15）在时间线上按Home键，将当前帧设为第1帧，选中Dark Red Solid1固态层，展开Scale属性，将其值设置为17%,17%，并设置第1帧为关键帧。时间线面板如图8-1-12所示。

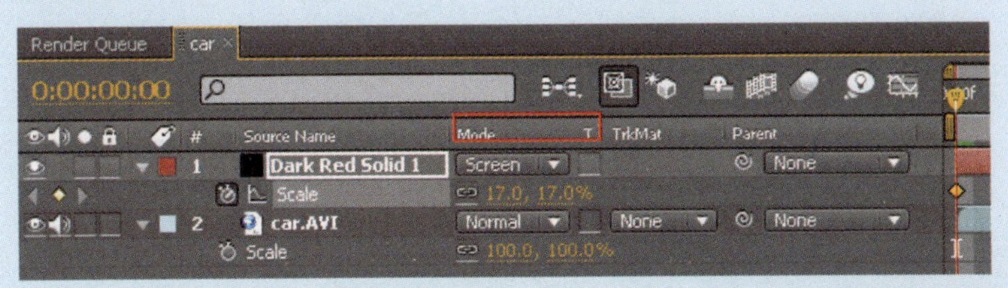

图8-1-12

（16）在时间线上按End键，将当前帧设为最后1帧，设置Scale属性值设置为100%,100%，并设置最后一帧为关键帧。

（17）按Ctrl+s快捷键将文件以“zcdd”为文件名存盘，然后按Ctrl+M渲染输出动画文件。

（18）执行“File/Collect Files”命令，收集素材，以便在其他计算机中能打开源文件。

知识窗

AE中的跟踪设置

●跟踪类型。在Track面板中单击Track Type （跟踪类型）Transform 按钮弹出如下图所示的5种跟踪类型。

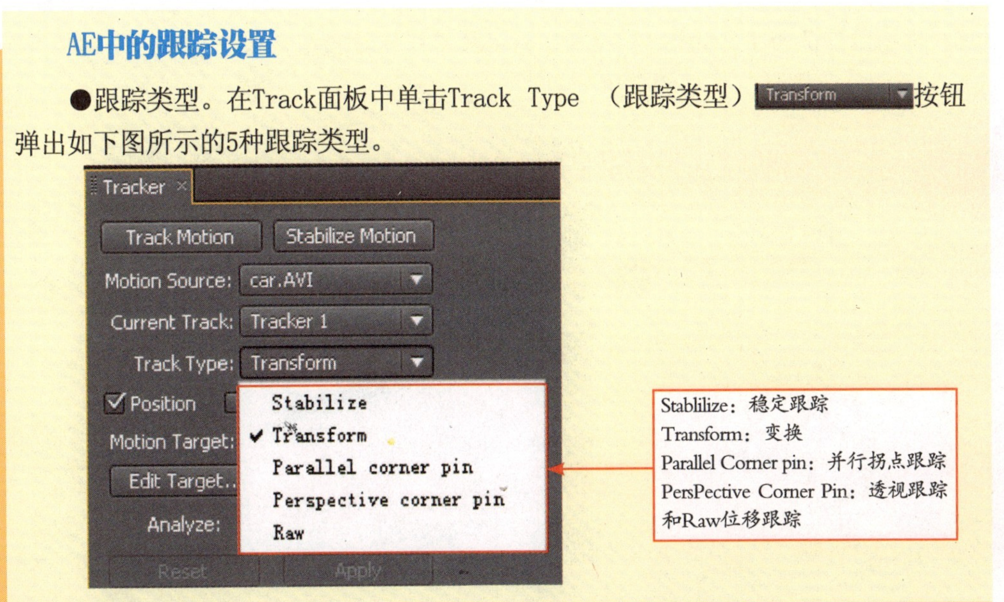

另外一种分类方式是根据跟踪点的多少可以分为：单点跟踪、两点跟踪和多点跟踪。无论哪种跟踪方式，其跟踪点的设置都是一样的。

●跟踪点和特征区域尺寸的调整。当对一个图层中的位置进行跟踪时，界面中会出现一个或多个跟踪点，跟踪点的数量取决于跟踪的方式。在设置运动跟踪时，常常需要通过调整特征区域、搜索区域和连接点来进一步调整跟踪点。操作时可以用选择工具来单独或成组拖动这些项目来移动或调整尺寸，如下图所示。

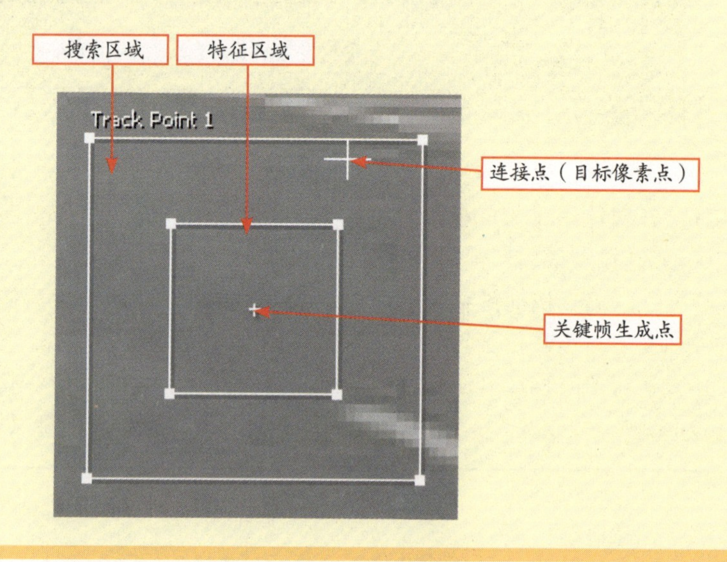

课后练习

根据本任务所讲知识，利用car.avi视频素材和笑脸图，自己制作一个跟随汽车移动的笑脸，下图是制作后的效果。

笑脸

任务二 让自拍的视频更专业——画面稳定技术的应用

任务概述

本任务通过处理自拍视频的实例讲述如何利用AE CS4中的稳定技术来消除视频画面中的抖动现象，以便让自拍视频画面稳定，达到专业人员的拍摄水平。

设计效果

打开“配套光盘/模块八/让自拍的视频更专业”文件夹中的“ymq.avi”和pwhm.avi”文件，观察两个视频文件将会发现处理后的pwhm.avi视频要比原始视频ymq.avi平衡得多，图8-2-1是处理后的视频画面截图。

图8-2-1

知识窗

运动稳定跟踪原理

为了使视频变得平稳，在AE CS4中采用跟踪图像中的运动，然后对需要处理的每一帧进行移位或旋转来消除抖动。重放时，由图层本身增加的位移量来补偿不应有的抖动，从而使图像变得平稳。

步骤解析

（1）启动AE CS4软件，按Ctrl+I快捷键导入“配套光盘/模块八/让自拍的视频更专业/ymq.avi”视频素材。

（2）在项目面板中选中Car.avi视频素材，拖到项目面板的创建一个新合成文件按钮上松开，创建一个与视频文件窗口同等大小的合成文件，如图8-2-2所示。

图8-2-2

（3）在时间线上拖动时间指示器，手工预览素材，可看见打球的画面是手持摄像机拍摄的，画面有些抖动。

（4）按Home键让第1帧成为当前帧，然后执行 “Animation/Stablize Motion（动画/运动稳定）”命令，弹出Tracker面板，如图8-2-3所示。选中Position和Rotation两个选项，设置位置和旋转两个跟踪点来调整画面的稳定，此时合成图像窗口出现了两个控制点。

图8-2-3

（5）在工具栏中选择选择工具，将Track Point1（跟踪标志1）拖到图像中建筑墙的中柱上的门牌处，将Track Point2（跟踪标志2）拖到图像中建筑墙的右边靠窗处，如图8-2-4所示。

图8-2-4

知识窗

运动稳定跟踪点选择技巧

在进行运动稳定跟踪中，选择跟踪点的位置十分关键，选择时要尽量符合以下标准：

①所选点在画面中自身没有运动。

②所选两点相距越远越好。

③所选点在作反抖的这段时间内都没有出画面。

④所选点比较明显，与周围色彩相差较大。

（6）在Tracker面板中，单击图8-2-5所示的向前分板按钮▶，AE将分析这个素材的运动稳定性。

图8-2-5

知识窗

运动稳定跟踪与跟踪的区别与联系

由第6步可知运动稳定跟踪面板与跟踪面板相似，跟踪类型和跟踪方式也一样，但这两种跟踪有什么区别呢？运动跟踪是一个图层跟踪一个视频中的一个运动对象，让图层随视频中运动对象而移动，而运动稳定跟踪是为了纠正视频画面的抖动，达到画面平衡而进行的跟踪，在运动稳定跟踪中不需要另一个图层，只是在视频本身中增加位移量来达到画面平衡效果。

（7）分析完成后单击 Apply 按钮，弹出图8-2-6所示的"Motion Tracker Apply Options"（跟踪应用选项）对话框，选择X和Y两个维度上进行平稳化处理，然后单击 OK 按钮。

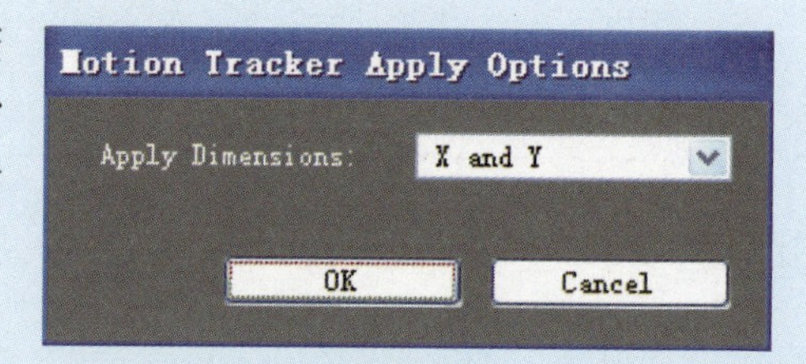

图8-2-6

（8）平稳处理后的合成图像窗口如图8-2-7（a）所示，ymq.avi层的时间线如图8-2-7（b）所示。

（a）

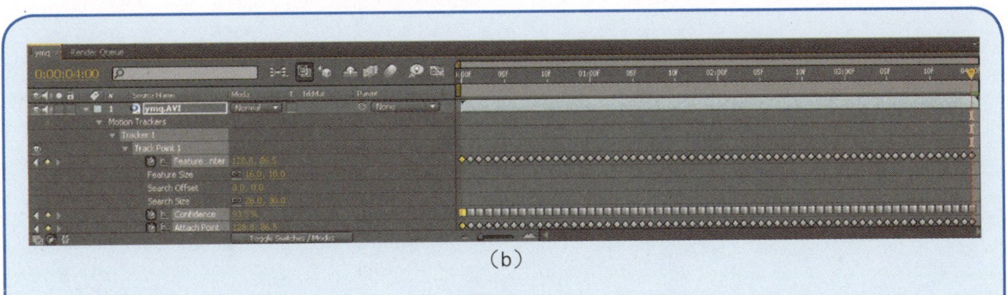

（b）

图8-2-7

（9）当完第7步操作后，在合成窗口中露出了黑色的边，因此需调整该图层的Scale（缩放）属性和Position（位置）属性，在时间线面板中展开这两种属性，调整成如图8-2-8所示的值。

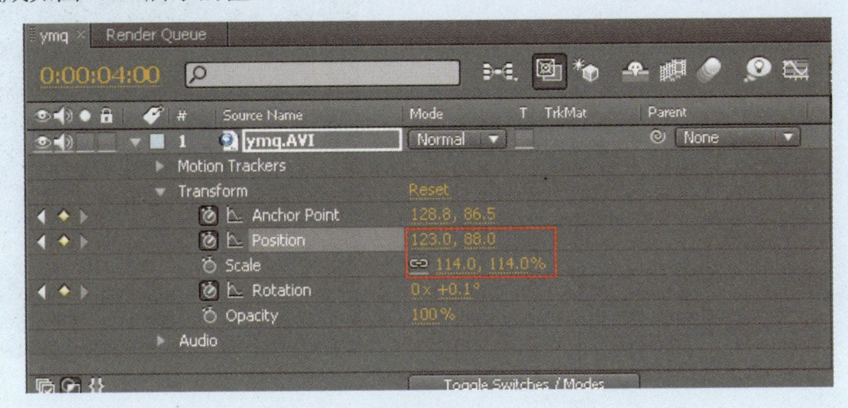

图8-2-8

（10）按小键盘上的数字0键预览，可看见画面比以前的要平稳很多。

（11）按Ctrl+S快捷键将文件以“pwhm”为文件名存盘，然后按Ctrl+M快捷键渲染输出。

（12）执行“File/Collect Files”命令，收集素材，以便在其他计算机中能打开源文件。

课后练习

如果视频中只有一段画面不稳定，如何单独调整这一部分呢？

任务三　AE打造炫舞场景——神奇表达式的应用

任务概述

本任务通过“炫舞舞台效果”实例的制作来讲述如何利用Adobe Effect中的表达式来轻松制作重复、相似的动作，以及利用表达式来准确控制图层的各个属性变化等技巧。

设计效果

打开“配套光盘/模块八/炫舞场景/炫舞.wmv”文件，将看一个灯光漂移、随着音乐变幻大小彩球、同时彩色气泡不断从舞台中间冒出的炫舞场景动画。图8-3-1是该动画的部分效果截图。

图8-3-1

步骤解析

（1）启动AE CS4软件，按Ctrl+I快捷键导入“配套光盘/模块八/炫舞场景/ball.psd”素材，导入时的设置如图8-3-2所示。

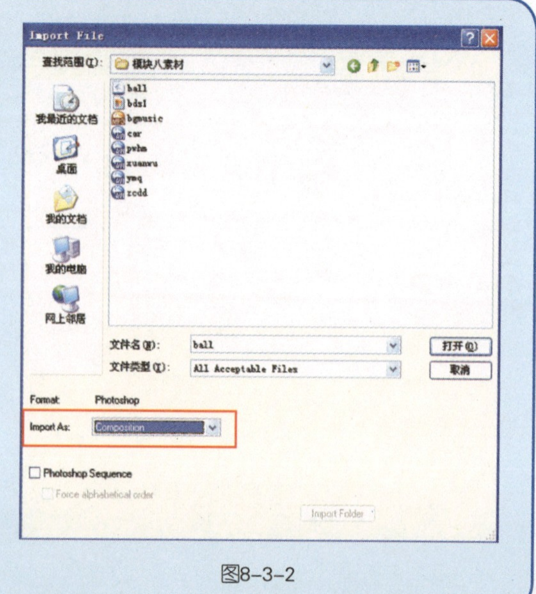

图8-3-2

（2）在项目窗口中将ball.psd拖到项目面板的创建一个新合成文件按钮上松开，创建一个与视频文件窗口同等大小的合成文件ball2，改名为“xuanwu”，如图8-3-3所示。

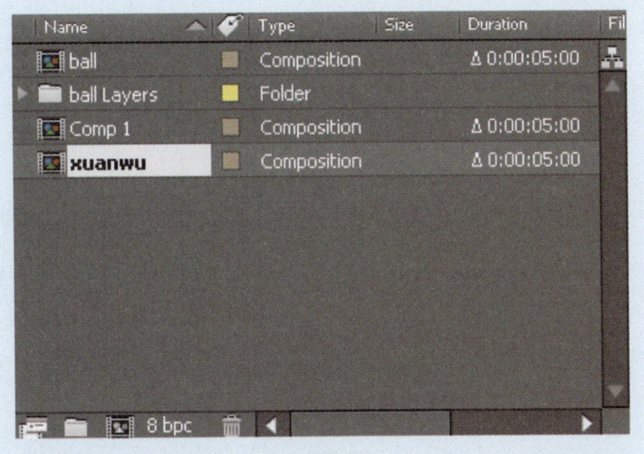

图8-3-3

（3）按Ctrl+K键调出合成文件设置窗口，设置帧频为24帧/秒，时间为5秒，如图8-3-4所示。

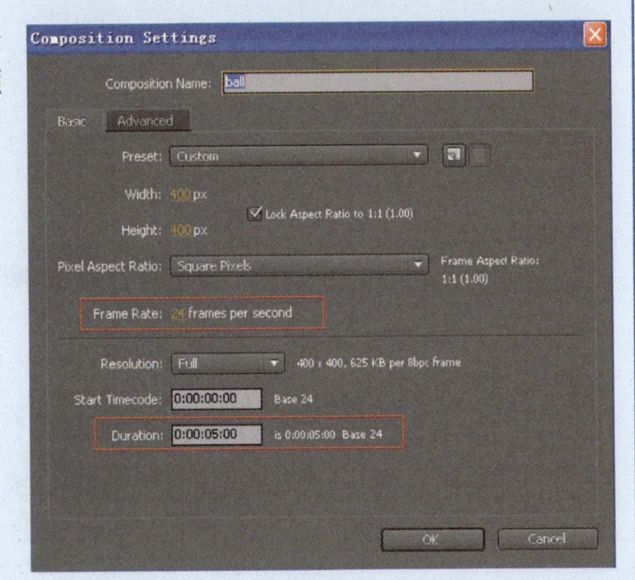

图8-3-4

（4）双击时间线面板上素材列表中的ball图层，打开ball合成图像窗口，ball合成有5个图层，时间线面板如图8-3-5所示。

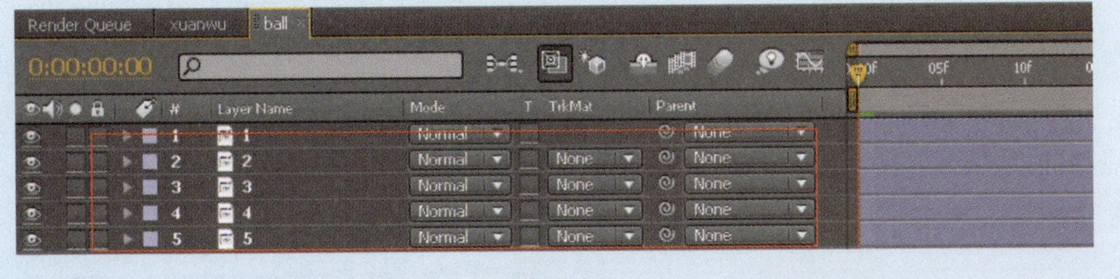

图8-3-5

（5）在时间线上按Home键，让第1帧成为当前帧，展开图层1的Transform属性，在00：00：00：00、00：00：00：15和00：00：01：00处分别给Scale（缩放）、Rotation（旋转）、Opacity（透明度）添加关键帧，并将00：00：00：15处关键帧的值设置为图8-3-6所示的值。

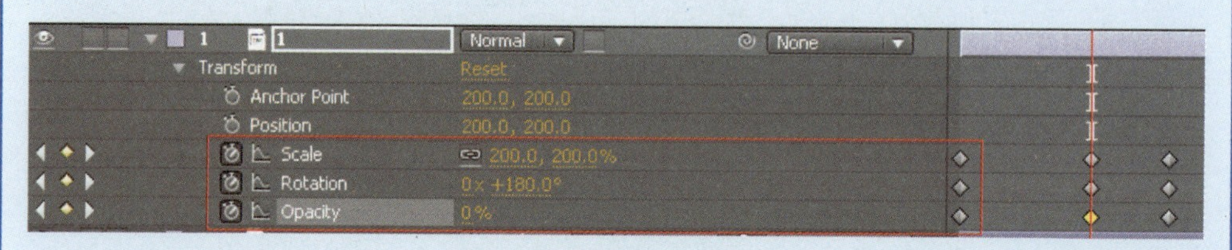

图8-3-6

（6）分别设置00：00：00：00和00：00：01：00处关键帧的Opacity（透明度）为100%。手工预览可见小球由小到大，由暗到亮的顺时针旋转出来后又退回的效果。

（7）选中图层2，按第3步的方法在00：00：00：00、00：00：00：15和00：00：01：00处的Scale（缩放）、Rotation（旋转）、Opacity（透明度）添加关键帧，并将00：00：00：15处的关键帧Scale（缩放）值设置为150%，150%，Rotation（旋转）值为180°，Opacity（透明度）值为100%，如图8-3-7所示。

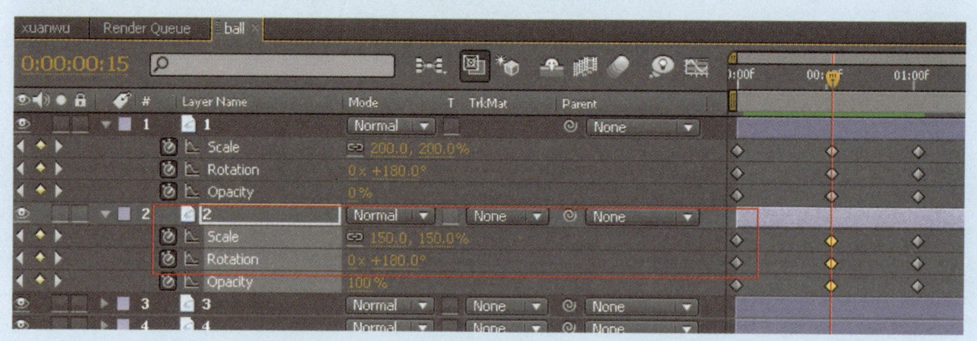

图8-3-7

（8）分别设置图层2的00：00：00：00和00：00：01：00处关键帧的Opacity（透明度）为0%，00：00：01：00处的Scale（缩放）为20%，20%。手工预览可见中间的球由小到大，由亮到暗的顺时针旋转出来后又退回的运动效果。

（9）最大化时间线面板，展开图层3的Transform属性。按住Alt键，单击图层3的Scale（缩放）前的码表，出现表达式参数，用鼠标拖动表达式的拾取线到图层1的Scale（缩放）上松开，则建立了图层3和图层1的 Scale（缩放）相关联的表达式，如图8-3-8所示。

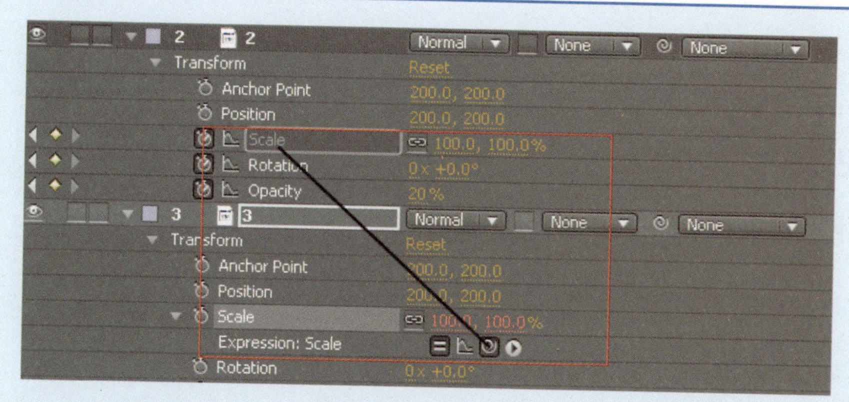

图8-3-8

（10）按住Alt键，单击图层3的Rotation（旋转）前的码表，出现表达式参数，用鼠标拉动表达式的拾取线到图层1的Rotation（旋转）上松开，则建立了图层3和图层1 Rotation（旋转）相关联的表达式。

（11）按住Alt键，单击图层3的Opacity（透明度）前的码表，出现表达式参数，用鼠标拉动表达式的拾取线到图层1的Opacity（透明度）上松开，则建立了图层3和图层1 Opacity（透明度）相关联的表达式。

（12）按同样的方法创建图层5和图层1的Scale（缩放）、Rotation（旋转）和Opacity（透明度）相关联的表达式，创建之后的时间线面板如图8-3-9所示。

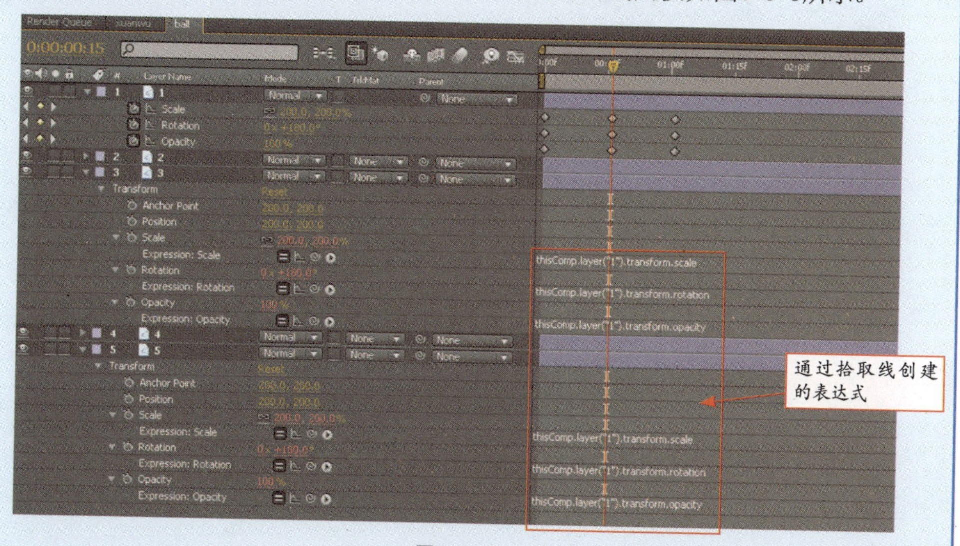

图8-3-9

（13）在图层1、图层3和图层5上分别按两次U键，将其属性收回，然后展开图层2和图层4的属性，按上述方法，分别创建图层4和图层2的Scale（缩放）、Rotation（旋转）和Opacity（透明度）相关联的表达式，时间线面板如图8-3-10所示。

图8-3-10

（14）退出时间线面板的最大化，按数字0键预览，动画只持续到00:00:01:00处结束，后面没有动画，如何延长动画呢？

（15）展开图层1的Fransform属性，按住Alt键单击Scale（缩放）前的码标，出现表达式参数助手，单击按钮，调出图8-3-11所示的表达式库。选择Property下的loopOut（type="cycle"，numKeyframes=0）项，延长此动作的时间。

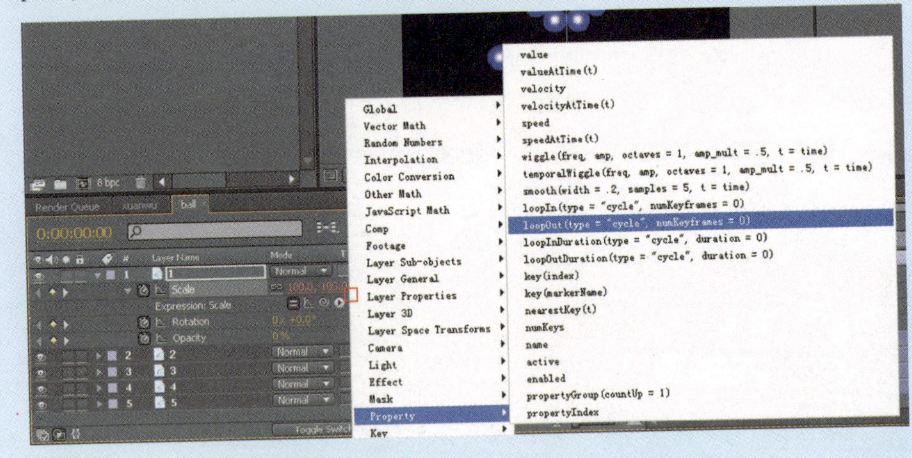

图8-3-11

（16）按上述方法给图层2的Scale（缩放）和Opacity（透明度）都加上loopOut（type="cycle"，numKeyframes=0）表达式，预览则可见所有图层的一直运动到时间结束。

提示

因为其他图层的Scale（缩放）和Opacity（透明度）都是通过表达式关联到图层1和图层2上的，所以只需修改或添加图层1和图层2的相关属性就可以了。

（17）返回到xuanwu合成窗口，给ball合成添加Hue/Saturation（色相/饱和度）特效，参数设置如图8-3-12（a）所示，效果如图8-3-12（b）所示。

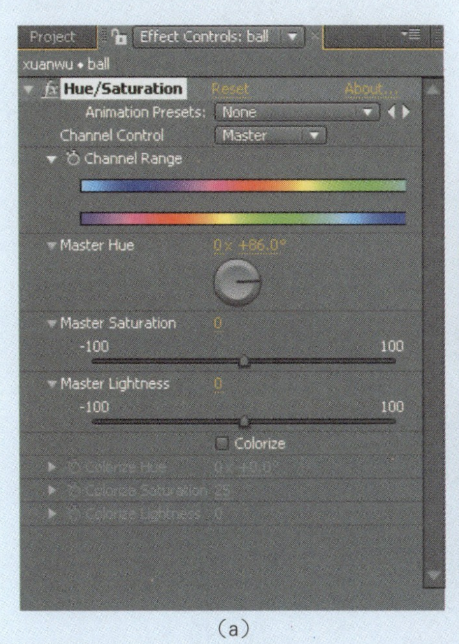

（a）

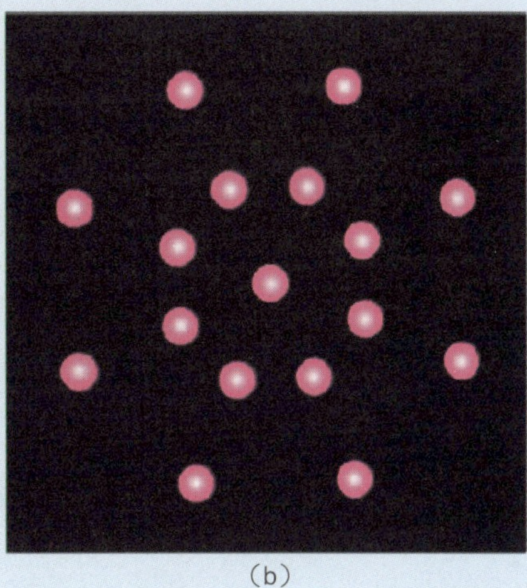

（b）

图8-3-12

（18）新建一黑色固态层，单击固态层的 Normal 按钮将图层模式修改为add（叠加）。执行“Effects/Simulation/Foam（特效/仿真/汽泡）”命令，给该层添加气泡特效，参数设置及效果如图8-3-13所示。

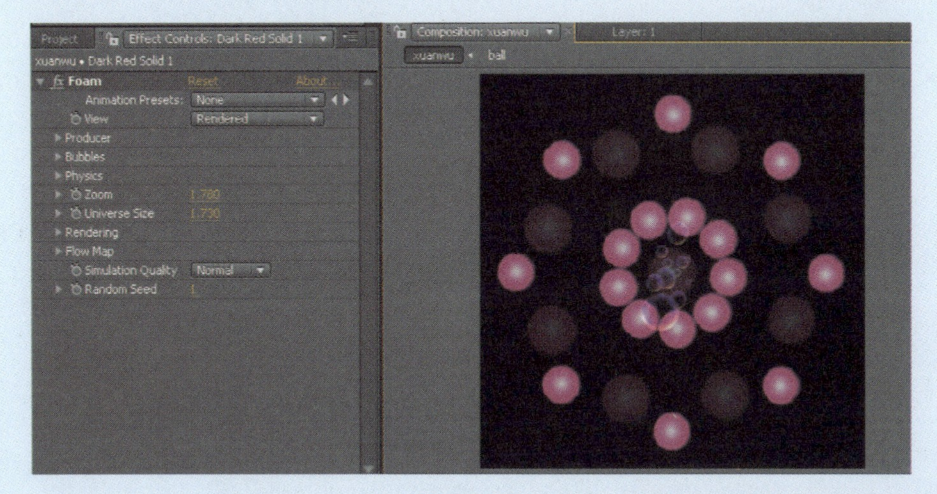

图8-3-13

（19）分别打开固态层和ball层的三维属性，如图8-3-14所示。

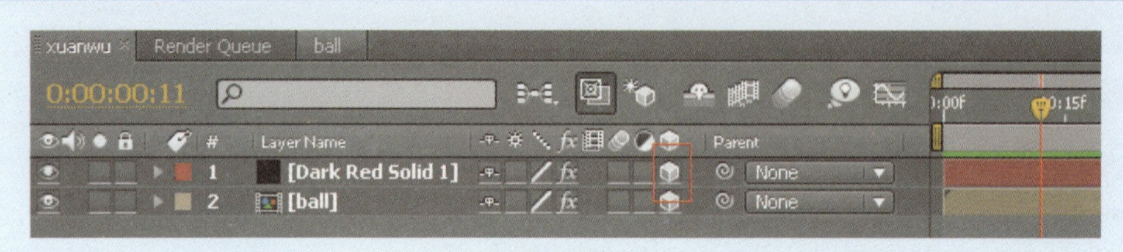

图8-3-14

（20）选中固态层和ball层，用工具栏上的旋转工具将画面调整为如图8-3-15所示效果。

图8-3-15

（21）按Ctrl+Alt+Shift+L快捷键新建一个light1（灯光）层，并调整灯光为如图8-3-16所示的效果。

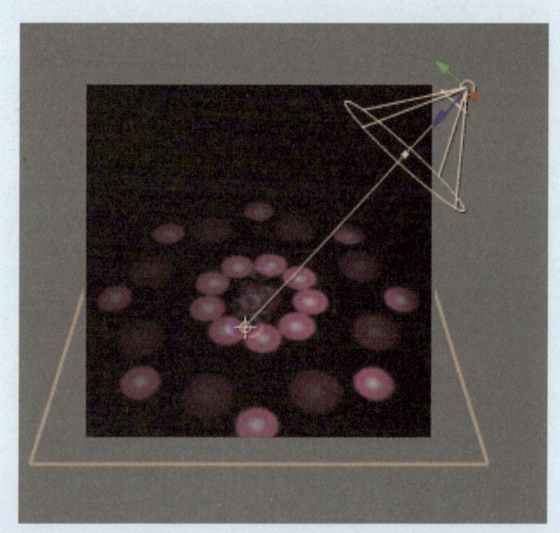

图8-3-16

（22）新建一个固态层，设置图层模式为Add，给该层添加lens Fare（镜头光晕）特效，设置第1帧为关键帧，其参数设置如图8-3-17（a）和效果如图8-3-17（b）所示。

（a）

（b）

图8-3-17

（23）在时间线上按End键，让最后1帧成为当前帧，设置Flare Center（光晕中心）为关键帧，其参数设置如图8-3-18（a）和效果如图8-3-18（b）所示。

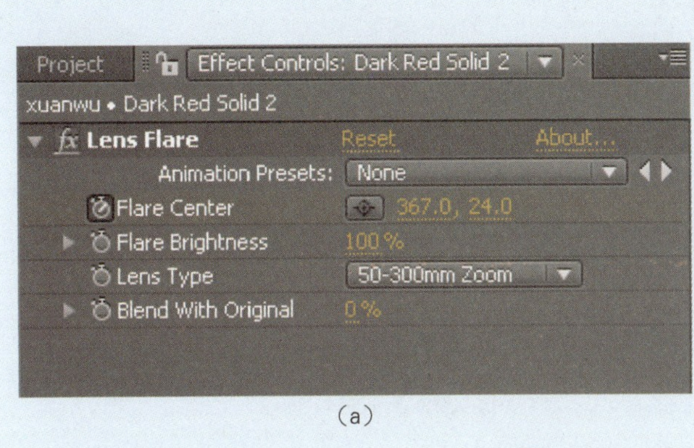

（a）

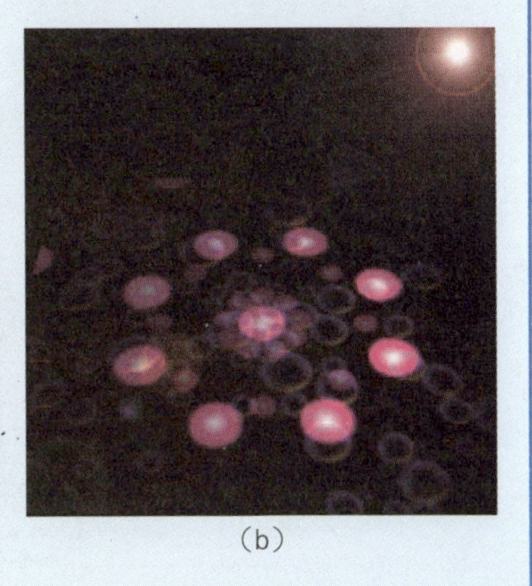

（b）

图8-3-18

（24）导入“配套光盘/模块八/炫舞场景/bgmusic.mp3”素材作为背景音乐，并将其拖到时间线面板的最下层，如图8-3-19所示。

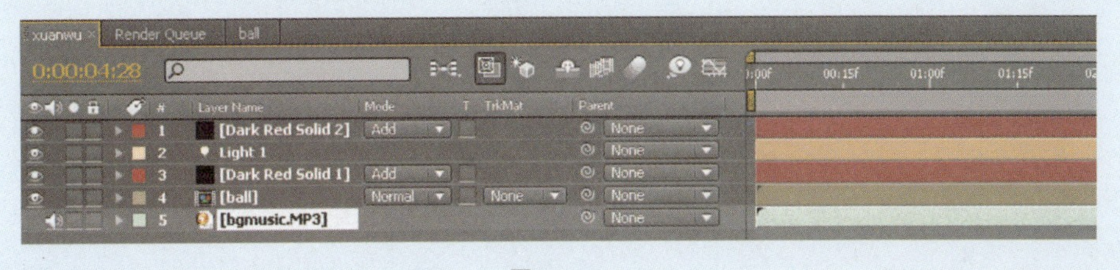

图8-3-19

（25）按小键盘上的数字0键预览，然后按Ctrl+S快捷键将文件以“xuanwu”为文件名存盘，最后按Ctrl+M快捷键渲染输出。

（26）执行“File/Collect Files”命令收集素材，以便在其他计算机中能打开源文件。

知识窗

●表达式的概念。AE软件中图层之间的联系主要通过关键帧、合并嵌套、父子连接、动力学脚本和表达式等五种方式来进行。在这几种方式中，表达式的功能最强大，一旦建立了表达式，任何关键帧都会与之建立永久的关系。

AE中的表达式是以JavaScript语言为基础，为特定参数赋予特定值的一句或一组语句，最简单的表达式就是一个数值。

表达式分为单行表达式和多行表达式，无论哪种表达式都是为特定参数赋值，或完成特定的动作。

●参数加入表达式的方法。AE中给参数添加表达式主要有以下两种方法：

①在时间线上选择参数后，通过“Animation/Add Expression”（动画/添加表达式）命令或按 Alt+Shift+=组合键或按住Alt键后单击要添加表达式属性的码表。

②通过拾取线添加表达式，本任务中的实例就是用这种方法添加表达式。

●添加表达式后时间线发生的变化。当给某个参数添加表达式后，时间线将会有如下图所示的变化。

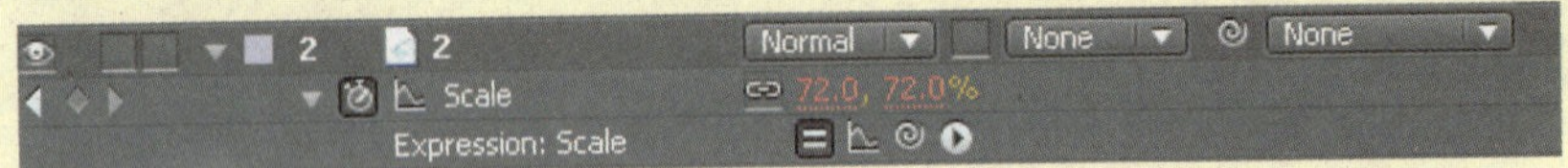

①在参数左侧多了一个按钮，用来切换表达式的有效和无效状态。

②参数值变为红色，表明该参数值由表达式控制，不能用手工编辑。

③在参数名称后面增加了3个图标，分别是：表达式变化图表、拾取线（帮助书写表达式）和表达式结构下拉菜单（可看到AE的内置表达式库）。

④在时间轴中增加了一个表达式编辑区，该区域可以通过下拉菜单来修改其显示范围。

●使用表达式的基本要素。

①参数的个数　AE中的各个属性对应参数的维数是不一样的，如Sacle（缩放）参数是2个，对应X、Y的缩放，所以对应的表达式参数也应该是2个，少一个就会出错。如参数20，20就是把Sacle固定在20%*20%的大小，添加表达式后手动修改

参数无效。

②参数的范围　每个属性都有自己的对应范围，即上限和下限。如Opacity（透明度）对应参数一个，范围是0～100。当把大于100或小于0的值赋给Opacity参数时，系统都会把它当成100或0来处理。

●AE表达式库。当单击表达式结构下拉菜单，可以看到AE的内置表达式，如下图所示。

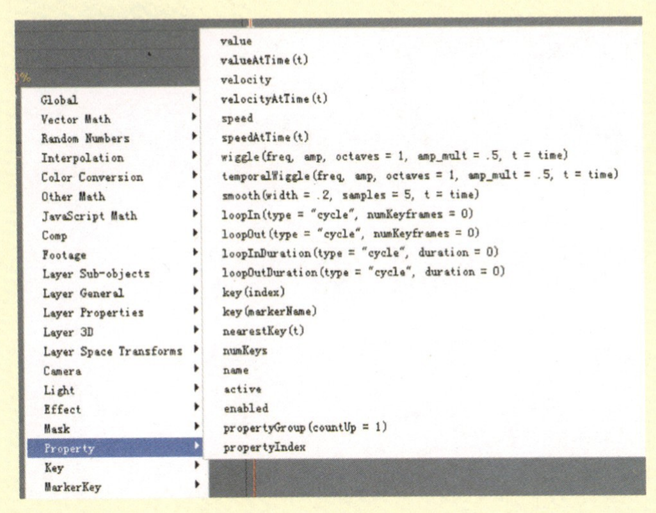

可在需要时直接选择内置表达式而不用手工输入，表达式中的参数可根据需要自由修改，以达到所需的特殊效果。

课后练习

利用本任务所讲知识，制作一个“变化的狼脚”动画，狼脚的脚掌从大到小变化，同时脚趾进行明暗变化。下图是变化中的两帧图。

（a）

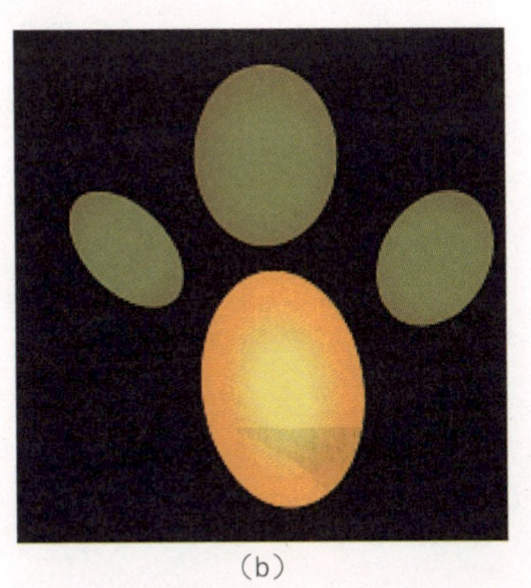

（b）

综合实例（一）——节目预告

模块综述

节目预告也叫收视指南，是电视台在一定时间内将即将播出的节目进行提示和预知，在电视上经常看到。电视节目预告不同于电视报上单纯的文字排列，更主要的是利用荧屏这一优势，对将要播出的节目提供剧情简介或将故事概况进行串联，以起到引人注目和指南的作用。本模块以一个简单的综合实例“节目预告”为制作主线，综合使用粒子、遮罩、文字以及声音等相关技术。

学习完本模块后，你将能够：

- 掌握使用AE制作完整项目的流程。
- 掌握节目预告类作品的典型制作技巧。

任务一　节目预告——制作背景

任务概述

本任务通过“节目预告背景”实例的制作来学习在AE CS4中使用气泡特效和三维图层来完成最终效果的方法，为下个任务添加节目预告文字效果打下基础。

设计效果

打开“配套光盘/模块九/节目预告背景.wmv”文件，将看到图9-1-1所示的动画效果截图，这是一个节目预告的背景动画。

图9-1-1

步骤解析

（1）启动AE CS4软件，导入“配套光盘/模块九/素材”文件夹中的素材，如图9-1-2所示。

图9-1-2

（2）按Ctrl+N快捷键新建一个合成，命名为“节目预告背景”，其参数设置如图9-1-3所示。

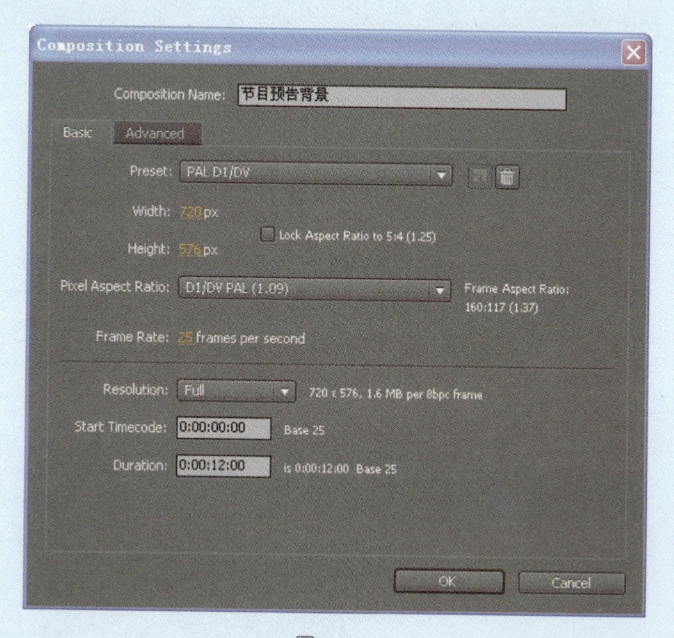

图9-1-3

（3）将背景视频素材拖到时间线面板中，调整大小使其充满整个合成窗口，如图9-1-4所示。

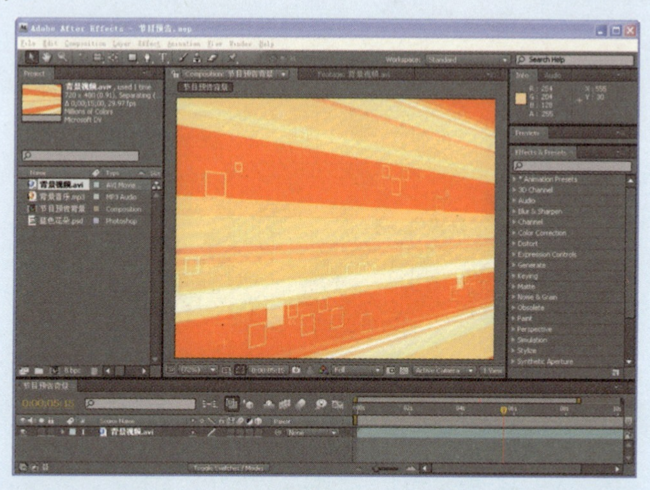

图9-1-4

（4）将蓝色花朵素材拖到时间线面板中的背景视频层之上，并关闭蓝色花朵层的显示，如图9-1-5所示。

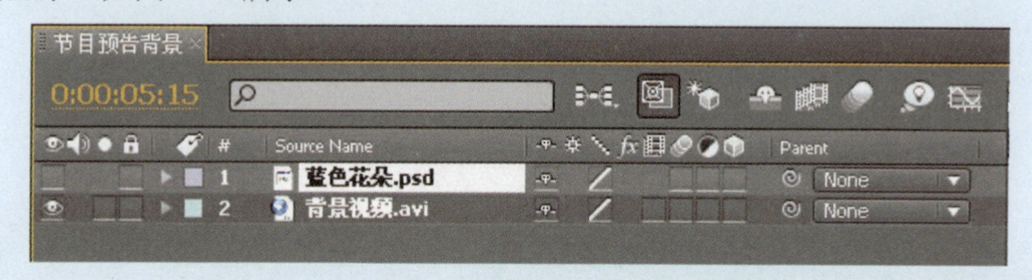

图9-1-5

（5）按Ctrl+Y快捷键新建一个固态层，命名为“气泡”，将固态层的颜色设置为黑色，具体参数设置如图9-1-6所示。

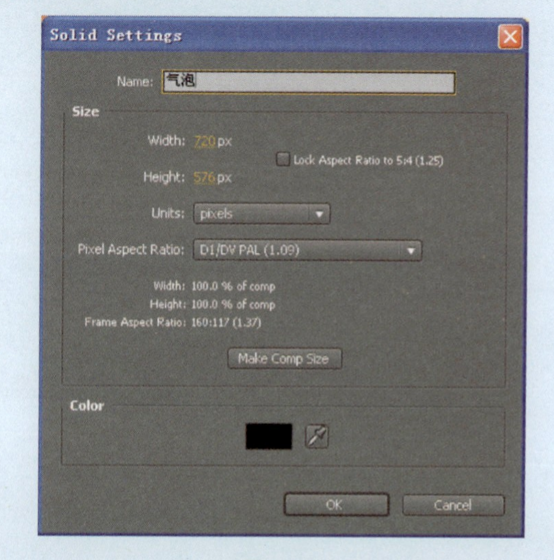

图9-1-6

（6）在时间线面板中选中气泡层，执行“Effect/Simulation/Foam（特效/仿真/汽泡）”命令，添加气泡特效，特效面板如图9-1-7所示。

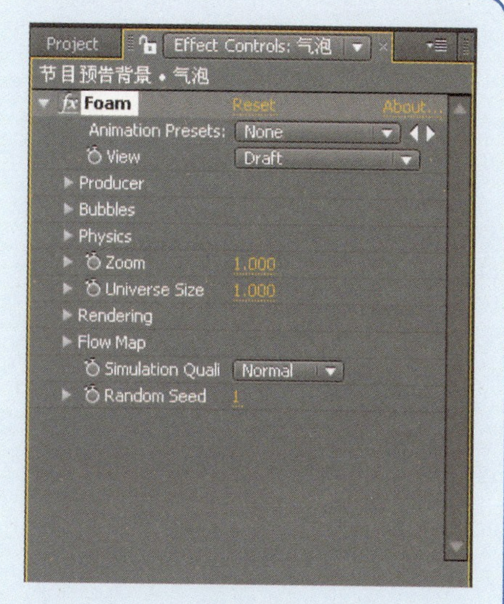

图9-1-7

（7）在气泡特效面板中，在View的下拉列表中选择Rendered（渲染）选项，如图9-1-8（a）所示，其效果如图9-1-8（b）所示。

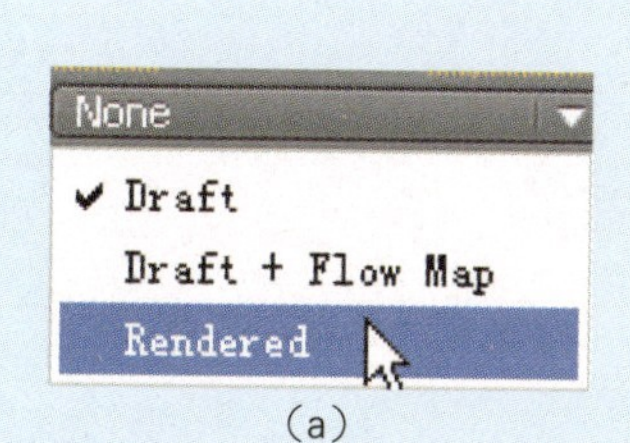

（a）

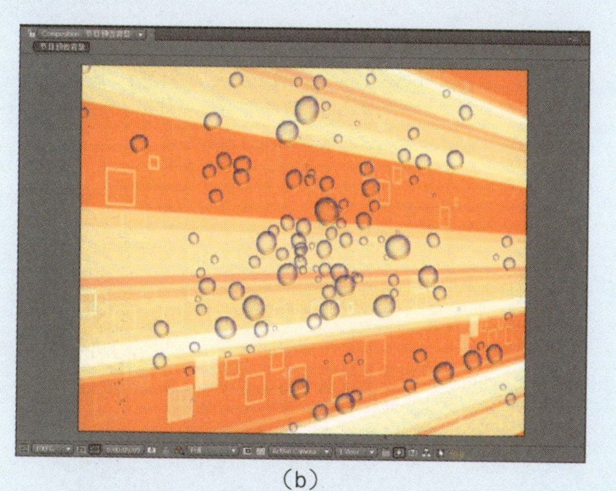

（b）

图9-1-8

（8）展开Producer（发射器）属性，按图9-1-9所示设置各项参数值。

Producer
Producer Point 633.0, 458.0
Producer X Siz 0.450
Producer Y Siz 0.010
Producer Orien 0x +122.0°
Zoom Producer Point
Production Rat 0.250

图9-1-9

（9）展开Bubbles（汽泡）属性，按图9-1-10所示设置各项参数值。

Bubbles	
Size	0.600
Size Variance	0.450
Lifespan	50.000
Bubble Growth	0.100
Strength	10.000

图9-1-10

（10）展开Physics（物理）属性，按图9-1-11所示设置各项参数值。

Physics	
Initial Speed	0.500
Initial Direction	0 x +241.0°
Wind Speed	0.000
Wind Direction	0 x +90.0°
Turbulence	0.000
Wobble Amoun	0.000
Repulsion	0.000
Pop Velocity	0.000
Viscosity	0.100
Stickiness	0.750

图9-1-11

（11）展开“Rendering（渲染）属性，参数设置如图9-1-12（a）所示，效果如图9-1-12（b）所示。

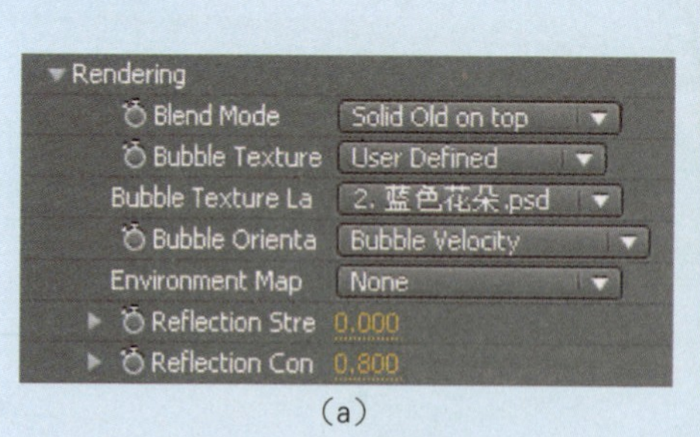

（a）

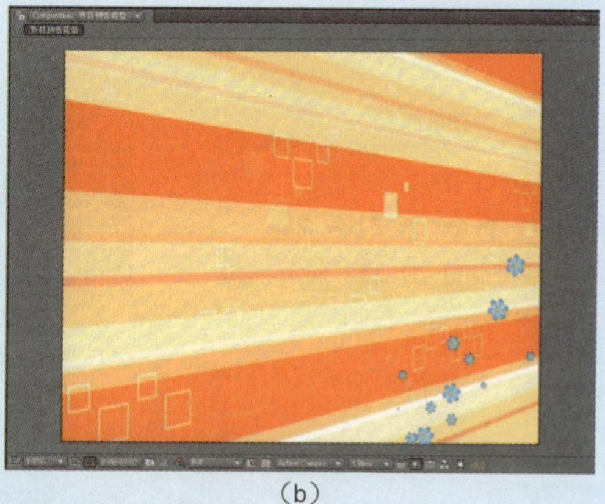

（b）

图9-1-12

（12）确认在没有选中时间线面板中的任何一个图层的情况下，在工具栏中的遮罩工具□的下拉列表中选择圆角矩形遮罩工具，如图9-1-13（a）所示。然后在合成窗口中绘制如图9-1-13（b）所示的图形。

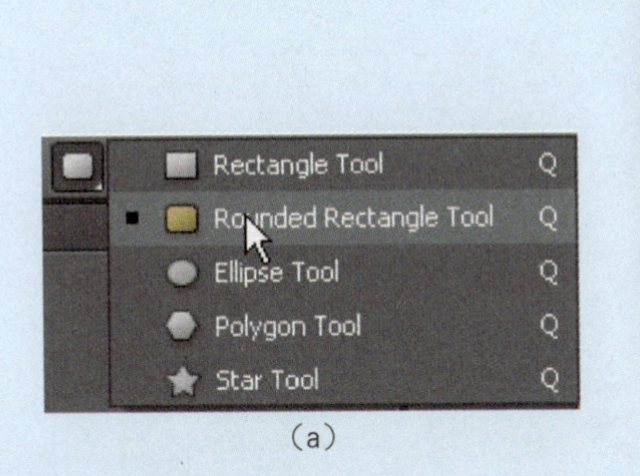

（a）

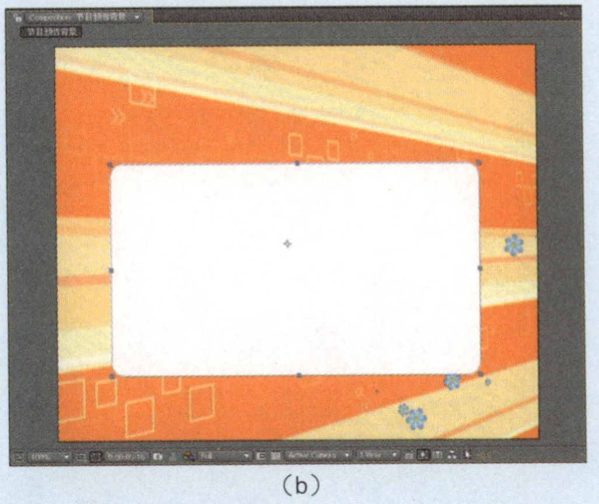

（b）

图9-1-13

（13）在时间线面板中将创建的Shape Layer 1图层重命名为“翻转底板”，单击三维图层按钮，为图层添加三维属性，如图9-1-14所示。

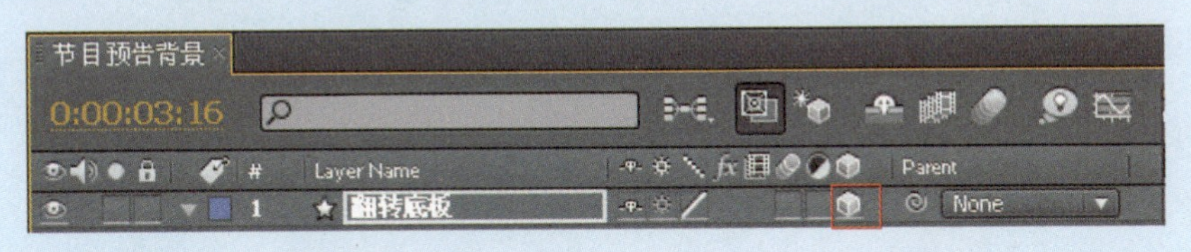

图9-1-14

（14）将时间指示器拖到第一帧，展示Transform（自由变换）属性，单击X Rotation（旋转）项前的跑表按钮，为其设置关键帧，将Opacity设置为60%，如图9-1-15所示。

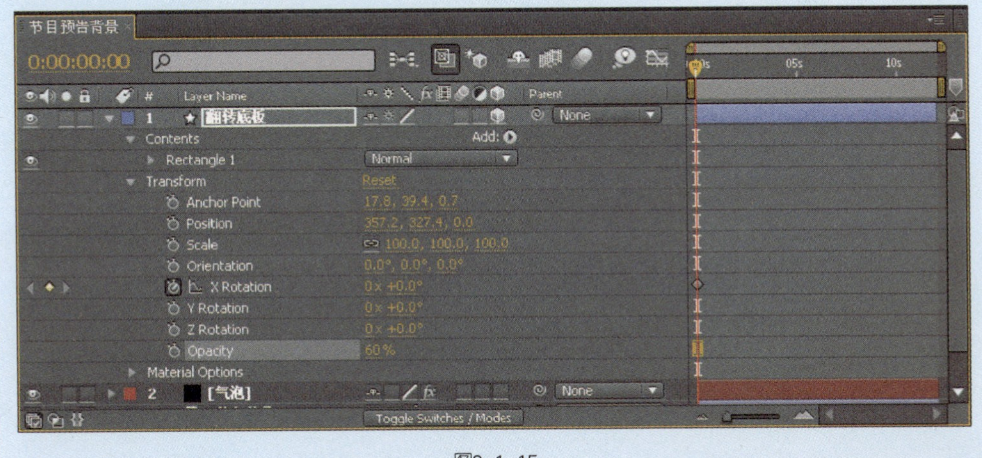

图9-1-15

（15）将时间指针拖到2 s处，给X Rotation（旋转）添加关键键并设置为180°，如图9-1-16所示。

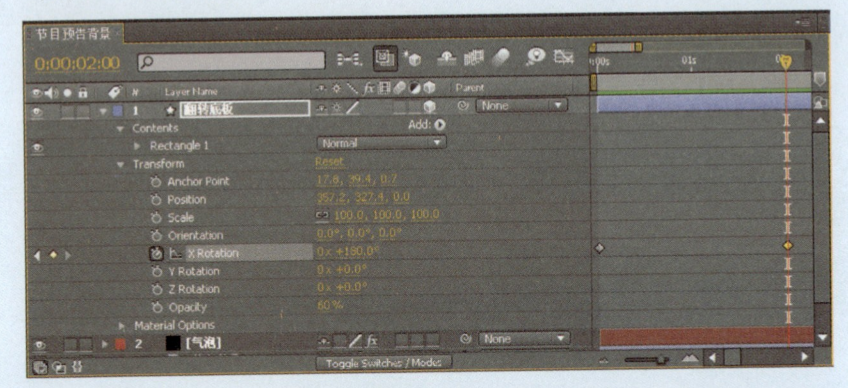

图9-1-16

（16）到此为止，节目预告的背景便制作完成了，效果如图9-1-17所示。

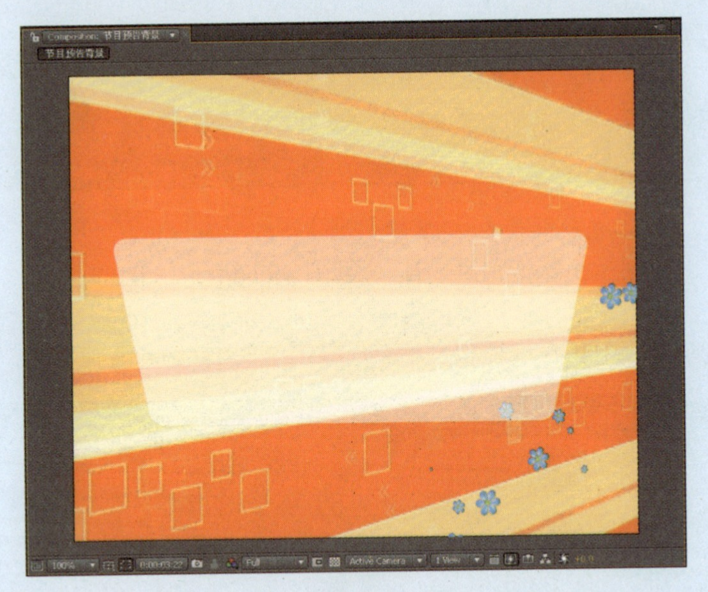

图9-1-17

（17）按Ctrl+S快捷键保存工程文件，然后按Ctrl+M快捷键渲染输出。

课后练习

参照本任务实例制作一个风格类似的节目预告背景动画。

任务二 节目预告——制作文字效果

任务概述

上一个任务已经制作出了节目预告的背景了，本任务将继续制作节目预告的文字效果，完成整个节目预告短片的制作。

设计效果

打开“配套光盘/模块九/节目预告成品.wmv”文件，将看到如图9-2-1所示的动画效果截图。伴随着背景音乐，节目预告的文字逐步出现在背景动画上。

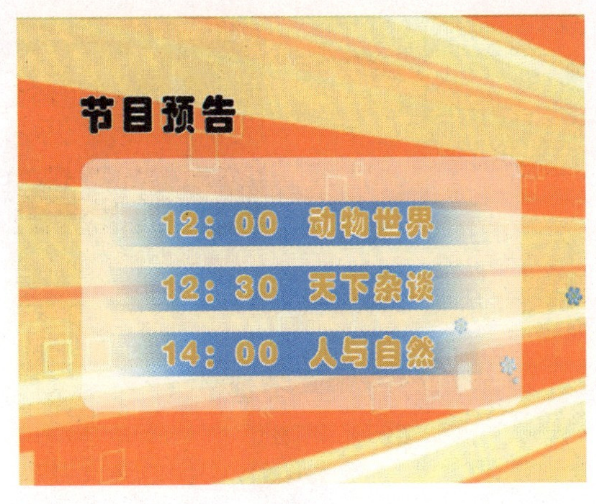

图9-2-1

步骤解析

（1）打开前一任务保存的工程文件继续制作，在工具栏上选择文字工具T，在合成窗口中输入“节目预告”，文字的参数及效果如图9-2-2所示。

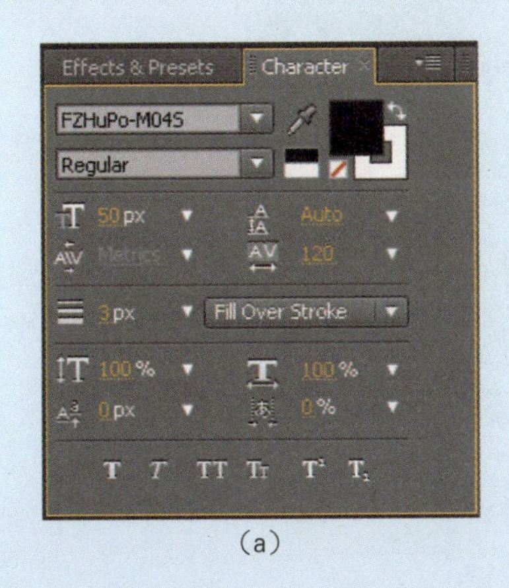

（a）

（b）

图9-2-2

（2）在时间线面板中选中刚才创建的文字层，执行“Animation/Browse Presets（动画/浏览预设）”命令，在弹出的Bridge中打开Text文件夹下的3D Text文件夹，双击“3D Fall Back Scale & Skew.ffx”，为文字层添加预设的动画效果，如图9-2-3所示。

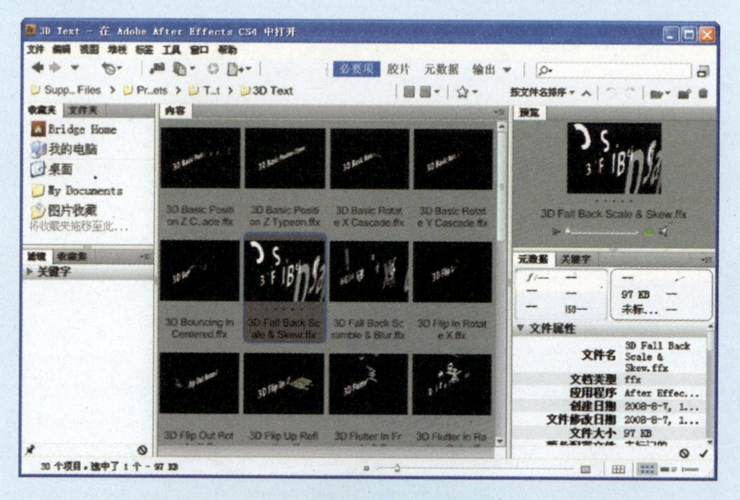

图9-2-3

（3）按Ctrl+Y快捷键新建一个固态层，命名为“标题背景”，并将颜色设置为蓝色，如图9-2-4所示。

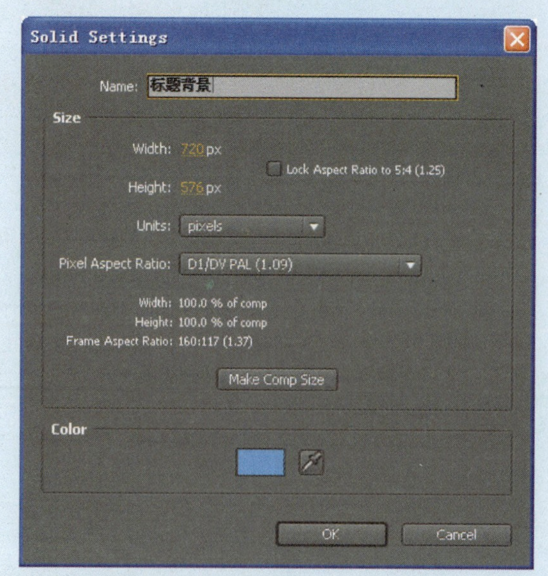

图9-2-4

（4）在时间线面板中选中刚才新建的标题背景层，然后单击工具栏上的遮罩工具，在合成窗口中画出如图9-2-5所示的遮罩。

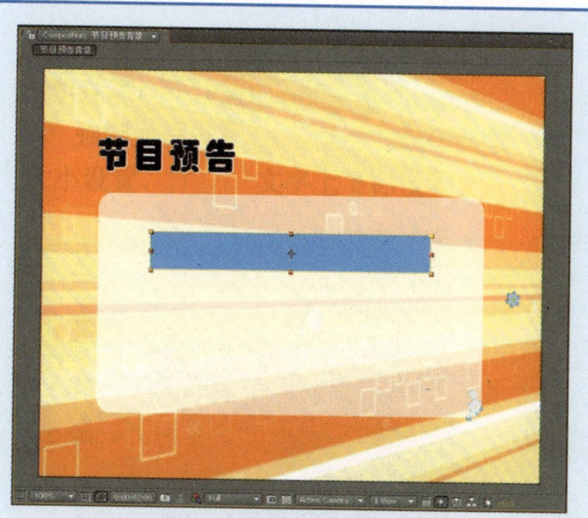

图9-2-5

（5）选中标题背景层，展开Masks（羽化）属性，按图9-2-6所示设置Mask Feather（遮罩羽化）的羽化值。

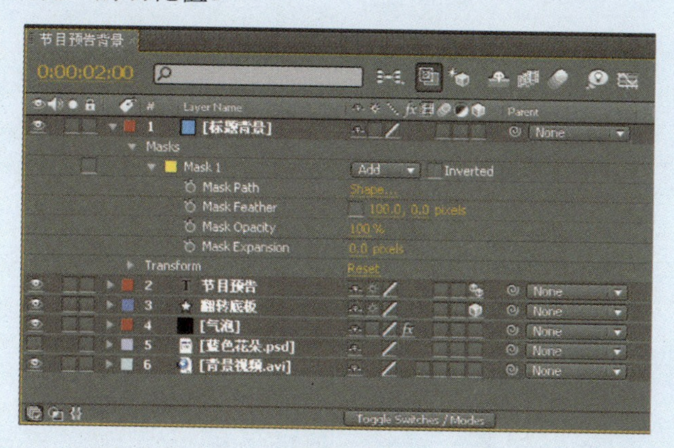

图9-2-6

（6）将时间指针拖到2 s处，单击Mask Path（遮罩路径）前的跑表按钮，为其设置关键帧，如图9-2-7所示。

图9-2-7

（7）单击Mask Path（遮罩路径）后的Shape...链接，弹出“Mash Shape（遮罩形状）”对话框，如图9-2-8所示。设置Right和Left的值都为238，然后单击OK按钮。

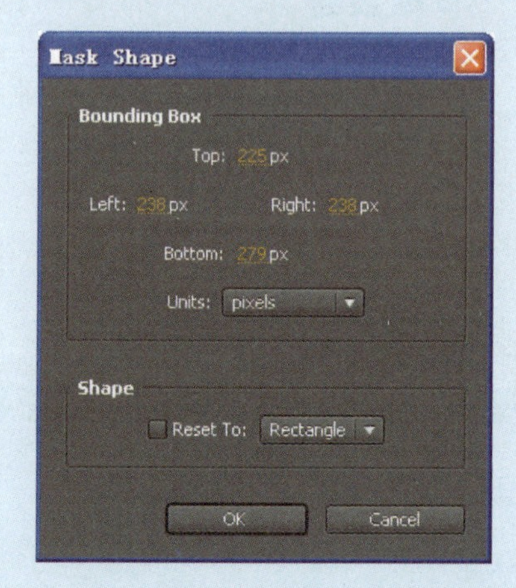

图9-2-8

（8）将时间指针拖到4 s处，单击Mask Path后的Shape...链接，在弹出的“Mask Shape（遮罩形状）”对话框中设置Right（右）和Left（左）的值都为238，然后单击OK按钮。

（9）在工具栏上选择文字工具T，在合成窗口中输入“12:00 动物世界”，设置文字的参数及效果如图9-2-9所示。

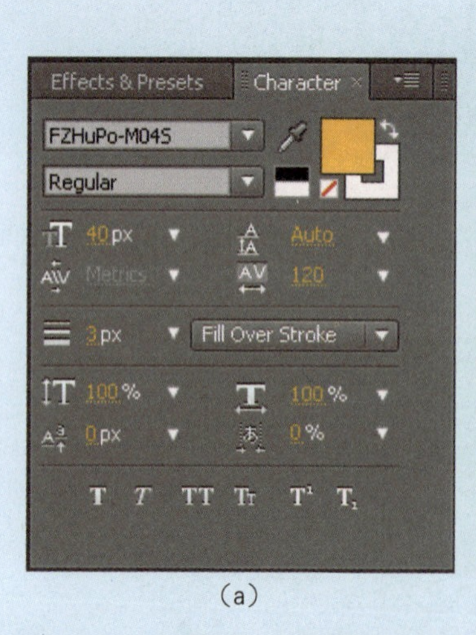

（a）

（b）

图9-2-9

（10）在时间线面板中选中12：00动物世界图层，将时间指针拖到2 s处，执行“Animation/Browse Presets（动画/浏览预设）”命令，在弹出的Bridge中打开

Text文件夹下的3D Text（三维文字）文件夹，双击“3D Basic Rotate Y Cascade. ffx”，为文字层添加预设的动画效果。

（11）在时间线面板中同时选中标题背景和12：00动物世界图层，按Ctrl+D快捷键复制出图层，将复制的图层移动到合适的位置，然后修改为“12:30　天下杂谈”，如图9-2-10所示。

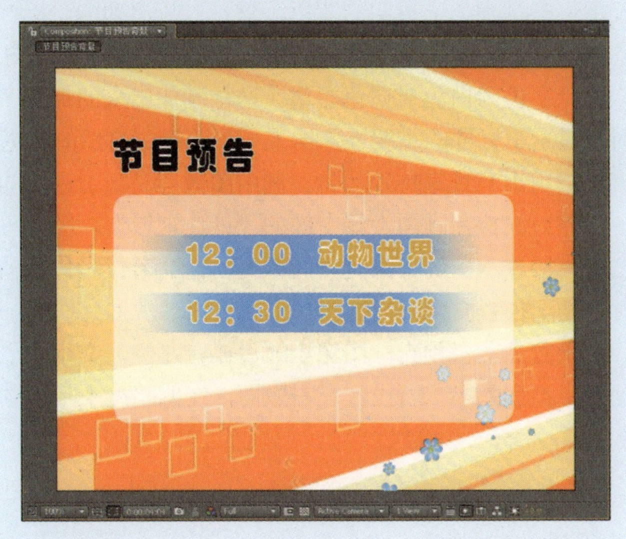

图9-2-10

（12）按同样的方法复制修改 “14:00　人与自然”，如图9-2-11所示。

图9-2-11

（13）在项目面板中将“背景音乐.mp3”文件拖到时间线面板中。

（14）按Ctrl+S快捷键保存工程文件，然后按Ctrl+M快捷键渲染输出。

知识窗

常见的节目预告版式类型

●标题型　一般用于节目预告字母标题。这种版式可做成板报形式，在颜色、字体上可发挥自己的想象力，易于改换、调整。设计的原则是具有吸引力，背景画面的颜色非常亮丽，多是虚化半透明的蓝色，背景衬托滚动的台标。在屏幕的左侧是“节目导视”4个字，屏幕的右上角是年月日，整个右半部分是导视部分，字体多是黑体或仿宋体，字色为白色或白色黑边。这样制作出来的标题字幕迎合观众的观看习惯，同时也显示了标题的重要性，给人一种流畅、自然的感觉。

●上下型　一般用于节目宣传片预告。利用图像容易吸引观众的特点，将节目宣传片用特技台压缩后编排在画面上端中部的“最佳视域”，图像可加框、加立体或阴影等，使之产生层次，图像下面是一两行提示性的节目名称及播出时间。这种版式具有安定感，是一种强固构图，视线从上而下流动，讲究秩序。

●左右型　用于各类节目预告。图像压缩后放在左侧，文字置于右侧，文字一般为竖排，因而文字不宜太多，若设计左右版面，在明暗度上形成强烈对比，效果更佳。

课后练习

参照本模块制作节目预告的方法，制作一个风格类似的节目导视板。

综合实例（二）——舞动的彩带

模块综述

商业宣传片已成为各大商家宣传产品的必备手段之一，吸引观众眼球的片头是各技术人员所追求的最终目标。如何制作商业宣传片片头呢？本模块以制作时尚服装品牌“VERSACE”的宣传片片头为例，介绍宣传片片头的前期创意流程，AE CS4制作宣传片片头采用的各种变形特效和多种合成之间的灵活切换技术。

学习完本模块后，你将能够：

- 了解宣传片片头的前期创意流程。
- 了解场景间的衔接及色调的调配技术。
- 综合运用各种特效制作商业宣传片片头。

任务一　舞动的彩带——“VERSACE”宣传片片头的前期创意

任务概述

本任务通过设计“VERSACE”宣传片片头的前期设计实例来讲述设计宣传片片头的制作思路。

设计效果

打开“配套光盘/模块十/舞动的彩带.wmv”文件，将看到4条舞动飘逸、色彩鲜艳的彩带先后从画面的左右两侧穿插舞动进入，然后“VERSACE”标志随着4条模糊流动的五彩色带、动感音效及时尚动态背景逐渐合成在一起的商业宣传片片头，最终效果截图如图10-1-1所示。

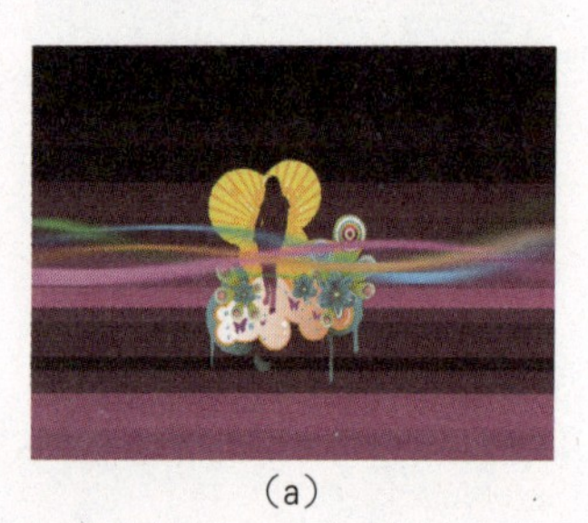
（a）

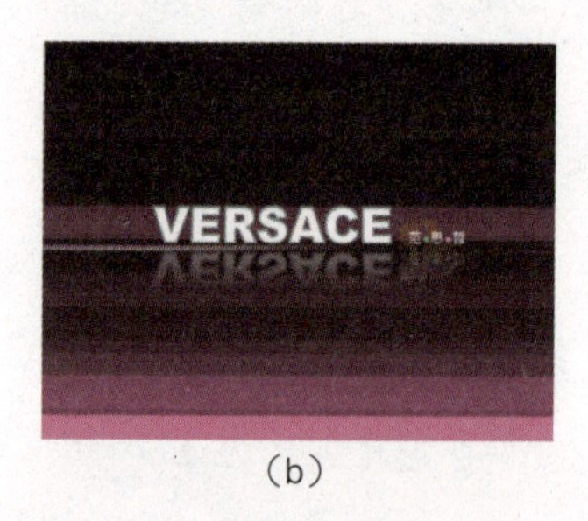

（b）

（c）

图10-1-1

操作步骤

1. 分析VERSACE的品牌诉求

（1）品牌档案分析：VERSACE（范思哲）是意大利著名时尚服装品牌，它以鲜明的设计风格，独特的美感，极强的先锋艺术特征让它风靡全球。其中魅力独具的是那些展示充满文艺复兴时期特色华丽的具有丰富想象力的款式，这些款式色彩鲜艳，奢华漂亮。

（2）品牌定位追求：根据品牌档案，进一步分析理解其品牌的追求——时尚、华丽、风格鲜明。

2. 根据其品牌追求，制定出本宣传片片头的设计思路

（1）飘逸的彩带展示服装的华丽富贵：使用四条舞动飘逸、色彩鲜艳的彩带

作为全片的开场，让四条彩带先后从画面的左右两侧穿插舞动进入，然后四条彩带相交到一起慢慢变为一条窄色带，并在这个过程中制作其模糊流动的五彩色带效果。

（2）品牌名称渐现：在流动的色带上慢慢出现具有倒影的VERSACE品牌文字动画；然后将色带和文字作为一个整体，做出一个具有三维透视效果的动画。

（3）动感时常的背景渲染服装的时尚：为宣传片片头制作色调明快、极具时尚感的动态背景。

（4）将各段动画、背景与音效等进行整合，然后对动画、色调等做进一步整体调整，最后渲染输出。

3. 根据设计思路及AE CS4软件的功能特点，制定出本宣传片片头的大概制作步骤

（1）首先建立一个固态层，使用Mask将固态层制作成条状，并设置动画。

（2）使用Warp（弯曲）变形工具制作飘带动画。

（3）通过Warp（弯曲）特效、Basic 3D（基础三维）特效和Hue/Saturation（色相/饱和度）特效来制作彩带空间舞动的效果。

（4）结合Fast Blur特效、Transform特效和Gradient Wipe特效来实现舞动曲线的转场效果。

（5）使用Fractal Noise制作随机运动的线条背景动画。导入素材图片并分别添加Position、Scale、Opacity等动画效果，实现时尚背景的合成制作。

（6）加入背景音效，并对音视频效果等进行整体调整，最后渲染输出成片。

任务二 舞动的彩带——“VERSACE”宣传片片头的制作合成

任务概述

本任务通过“VERSACE”宣传片片头的制作，来深入巩固学习遮罩动画、Warp（弯曲）变形工具、Basic 3D（基础三维）以及Hue/Saturation（色相/饱和度）等知识，领略各种工具在实际影像案例特技处理中的功能及处理技巧。

操作步骤

1. 制作渐变的条状线

（1）启动AE CS4软件，执行“Composition/New Composition（合成/新建合成）”命令，新建一个合成，参数设置如图10-2-1所示。

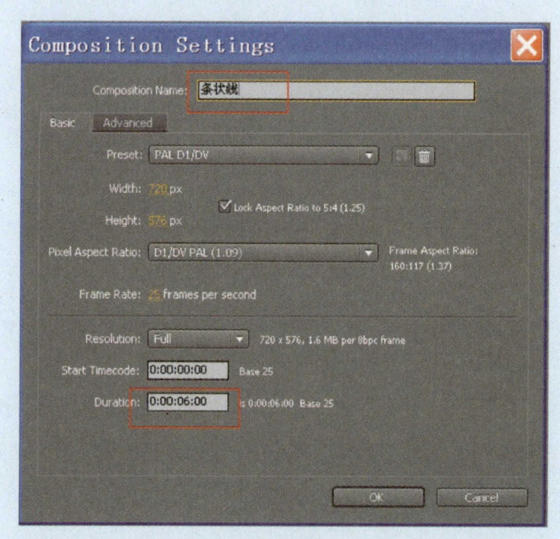

图10-2-1

（2）执行“File/Save（文件/保存）”命令，保存项目文件，其文件名为“舞动的彩带”。

（3）执行“Layer/New/Solid（层/新建/固态层）”命令，新建一个固态层，具体设置如图10-2-2所示。

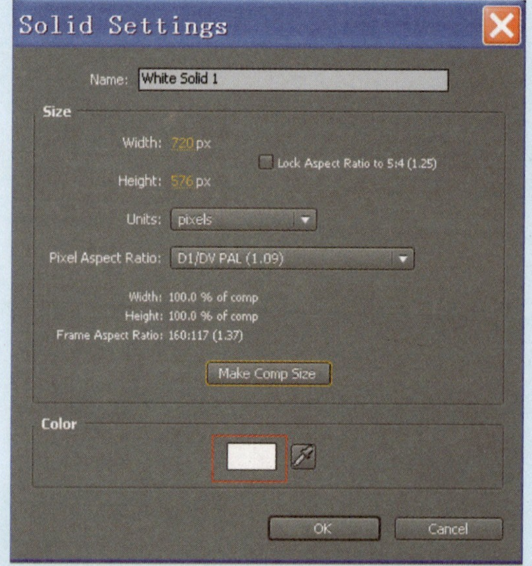

图10-2-2

（4）执行“Effects/Generate/Ramp（特效/生成/渐变）”命令，为固态层添加一个黑白的渐变特效，参数设置及效果如图10-2-3（a）、（b）所示。

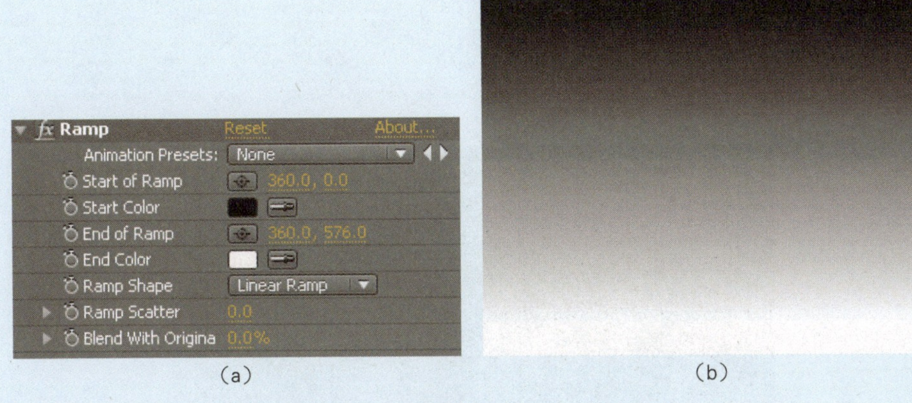

（a）　　（b）

图10-2-3

（5）在工具栏中选择钢笔工具，在White Solid1图层上绘制一个Mask，如图10-2-4所示。

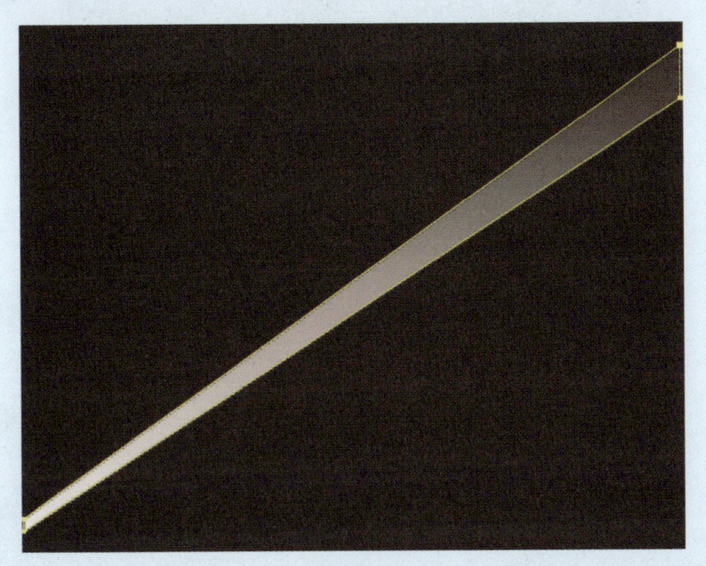

图10-2-4

（6）在时间线面板中选择White Solid1图层，展开Masks属性。将时间指示器移动到2 s处，为Mask Path添加关键帧。按Home键使第1帧成为当前帧，在时间线面板中选中mask 1，使用选择工具，在合成窗口中将左下角的两个控制点移动到右上角，使之与右上角的两个控制点重合，具体设置及效果如图10-2-5（a）、（b）所示。

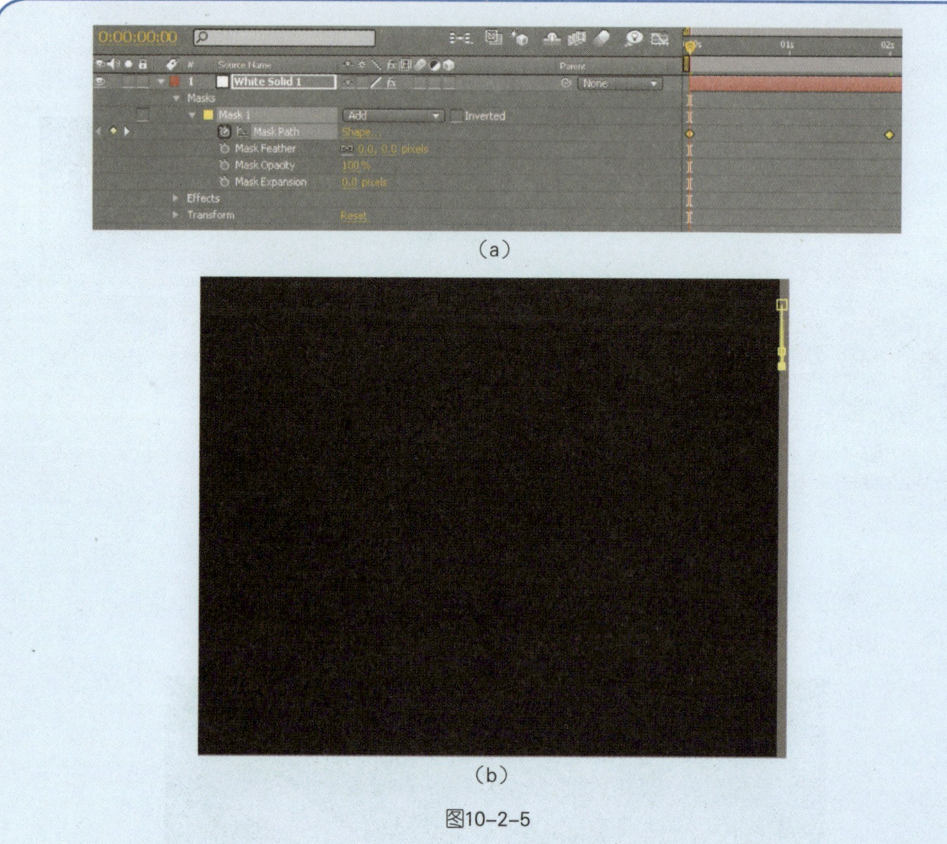

（a）

（b）

图10-2-5

（7）执行“Effects/Distort/Warp（特效/扭曲/弯曲）”命令，添加弯曲特效。参数设置及效果如图10-2-6（a）、（b）所示。

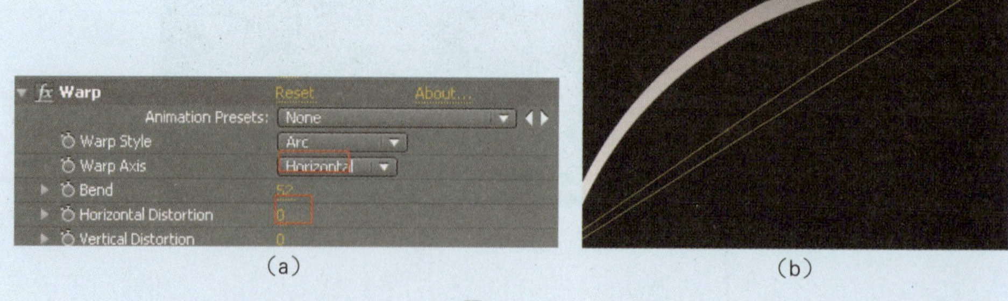

（a）　　（b）

图10-2-6

2. 制作舞动的彩带

（1）执行“Composition/New Composition（合成/新建合成）” 命令，新建一个合成，具体设置如图10-2-7所示。

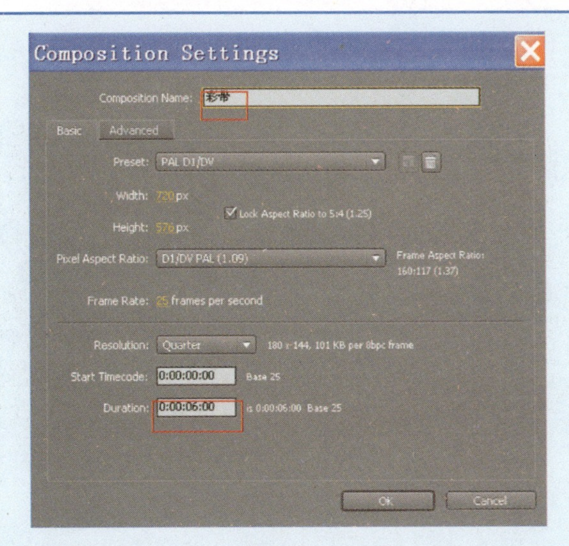

图10-2-7

（2）在项目面板中选择条状线合成，将它拖放到时间线面板中，改名为“彩带01”。展开彩带01图层的Transform属性，参数设置如图10-2-8所示。

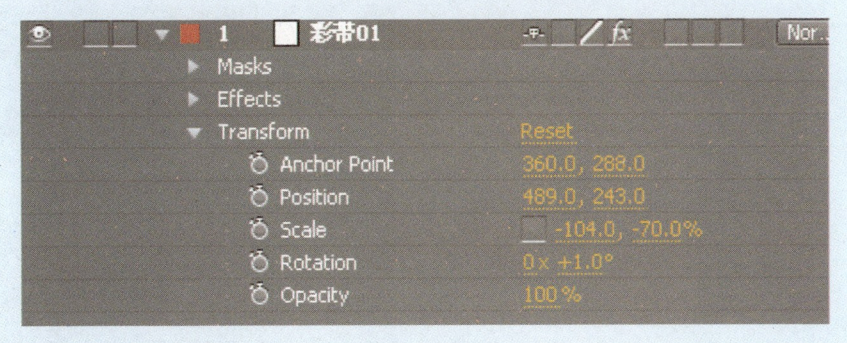

图10-2-8

（3）执行“Effect/Distort/Warp（特效/扭曲/弯曲）”命令，添加弯曲特效，具体参数设置及效果如图10-2-9（a）、（b）所示。

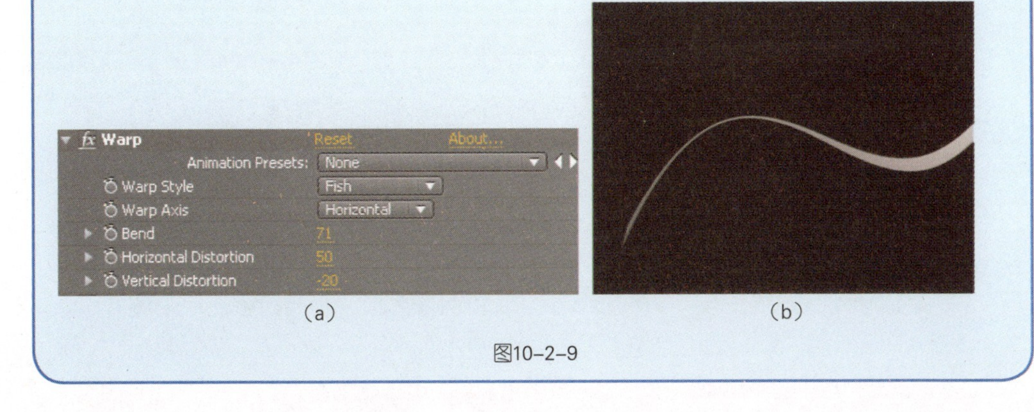

（a）　　（b）

图10-2-9

（4）执行“Effect/Obsolete/Basic 3D（特效/旧版本/基本3D）”命令，添加基础三维特效，具体设置及效果如图10-2-10（a）、（b）所示。

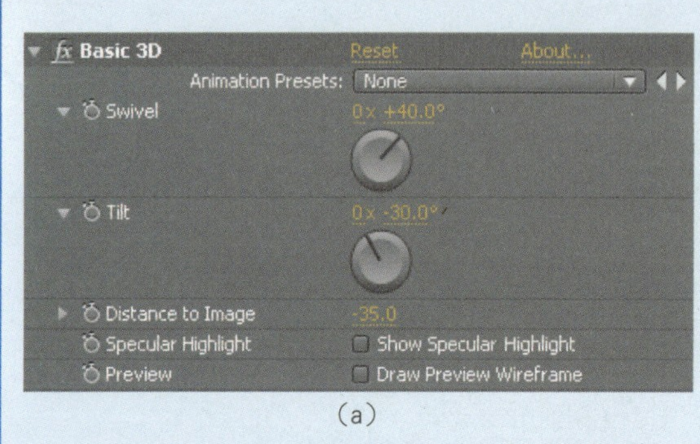

（a）

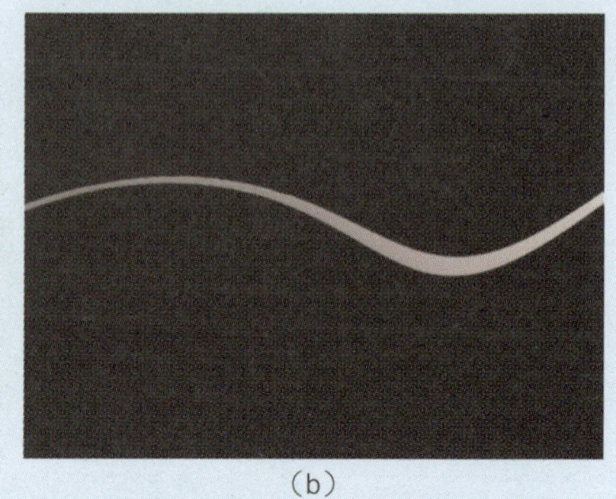

（b）

图10-2-10

（5）执行“Effect/Color Correction/Hue/Saturation（特效/色彩校正/色相饱和度）”命令,添加色相/饱和度特效。具体设置及效果如图10-2-11（a）、（b）所示。

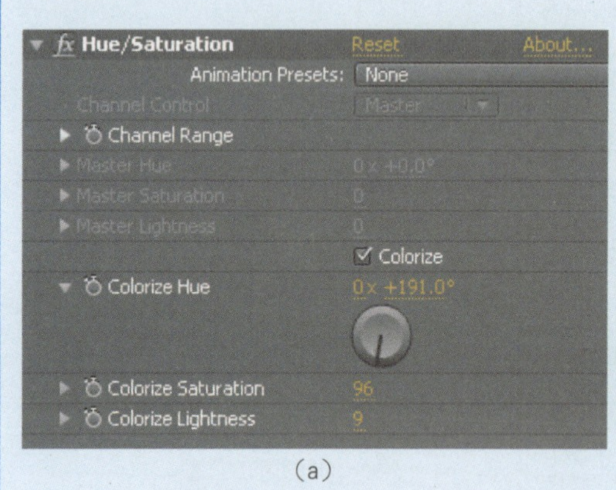

（a）

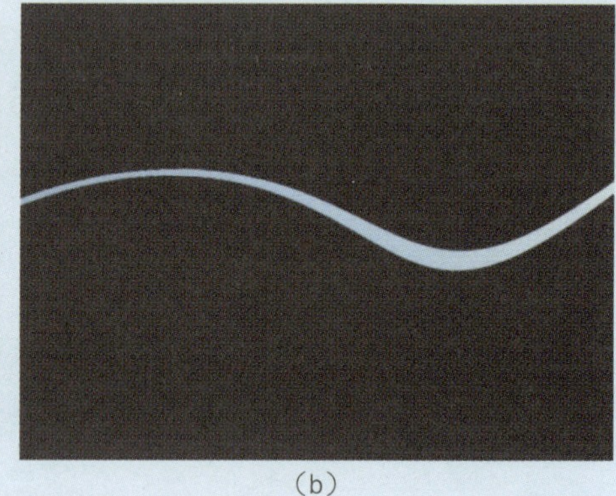

（b）

图10-2-11

（6）按Ctrl+D快捷键将彩带01图层复制出三个副本，分别改名为“彩带02”、“彩带03”、“彩带04”。将彩带03、彩带04图层关闭显示。选中彩带02图层，展开Transform（变换）属性，具体设置如图10-2-12所示。

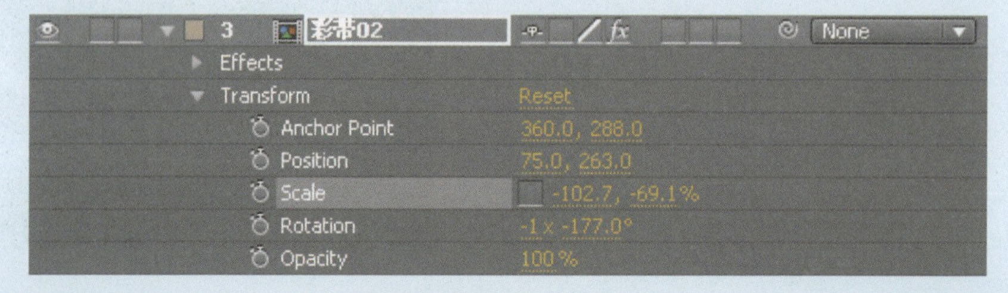

图10-2-12

（7）在弯曲特效面板中，具体设置及效果如图10-2-13（a）、（b）所示。

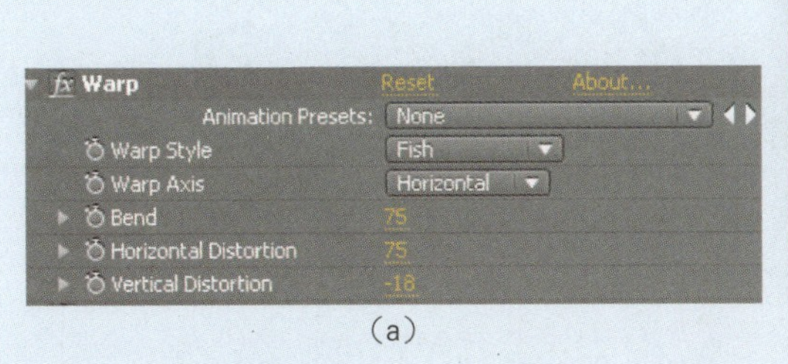

（a）

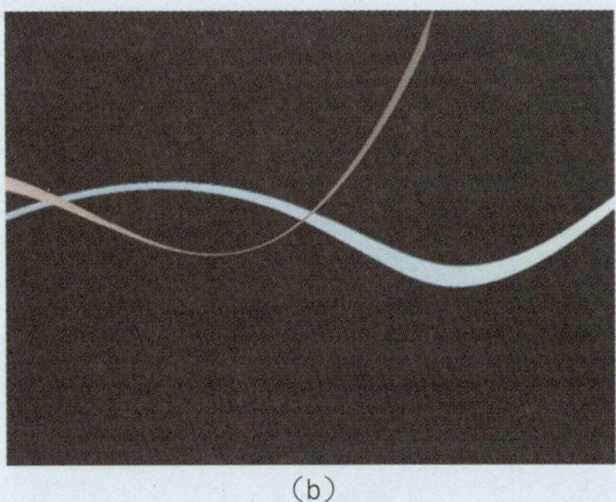

（b）

图10-2-13

（8）在特效面板中，展开Basic 3D特效，具体设置及效果如图10-2-14（a）、（b）所示。

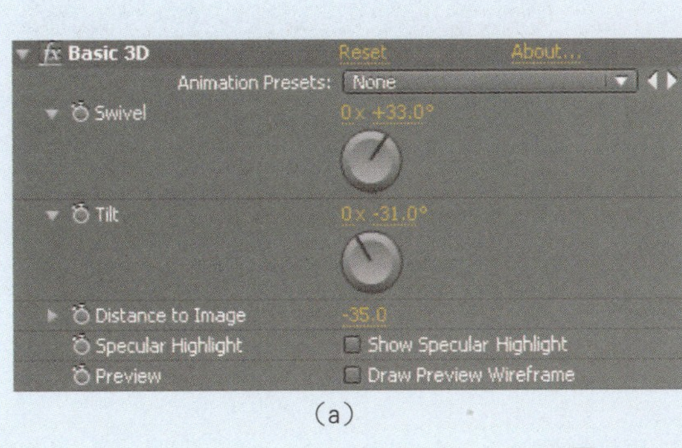

（a）

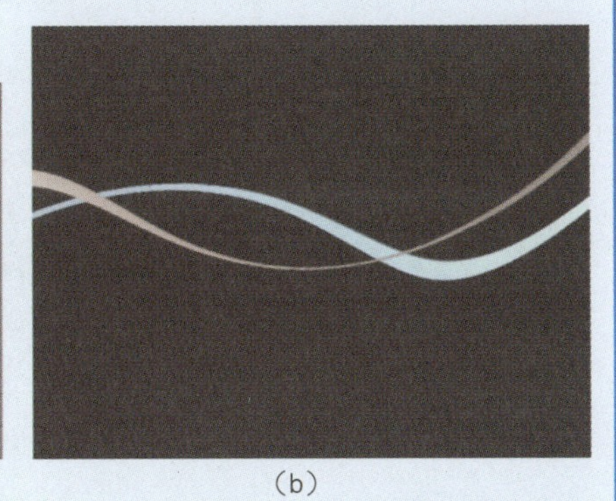

（b）

图10-2-14

（9）在特效面板中，展开“Hue/Saturation（色相/饱和度）”特效，具体设置及效果截屏如图10-2-15（a）、（b）所示。

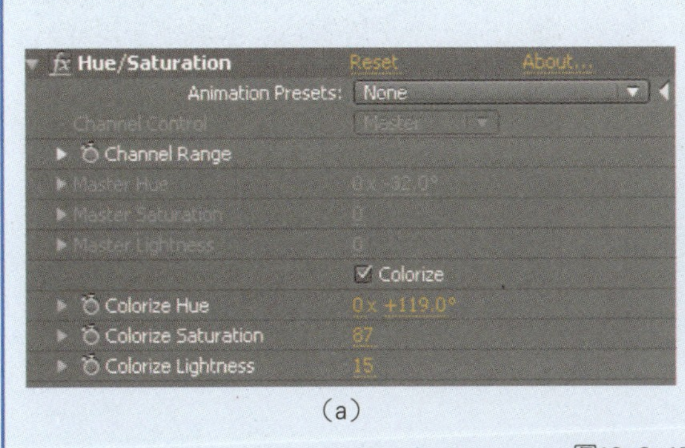

（a）

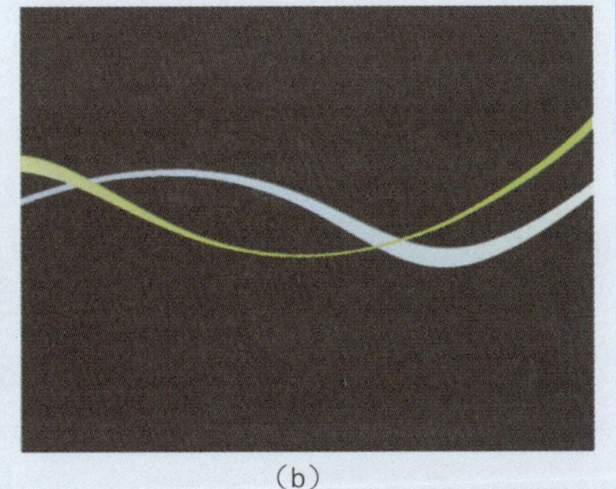

（b）

图10-2-15

（10）在时间线面板中，选中彩带03图层，展开Transform（变换）属性，具体设置如图10-2-16所示。

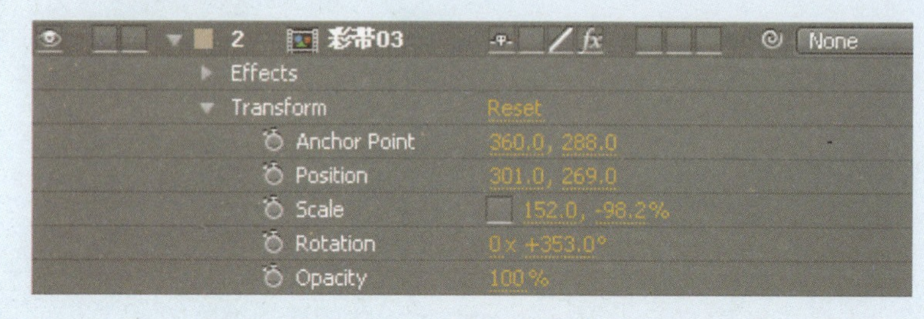

图10-2-16

（11）在特效面板中，展开Warp（弯曲）特效，具体设置及效果如图10-2-17（a）、（b）所示。

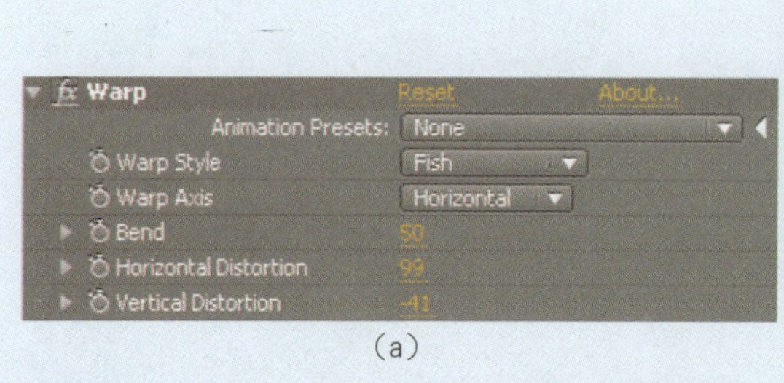

（a）

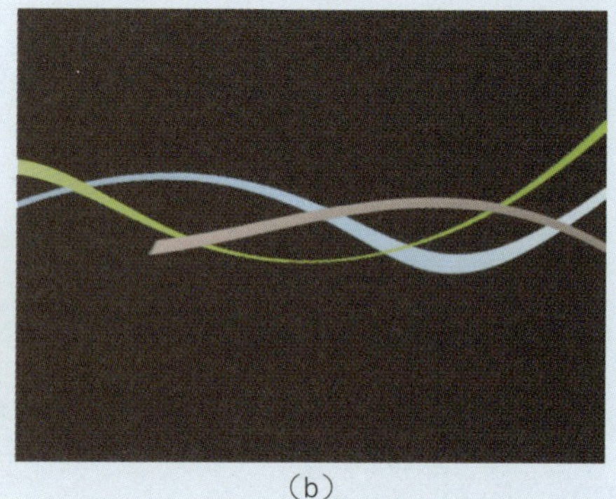

（b）

图10-2-17

（12）在特效面板中，展开“Basic 3D（基本 3D）”特效，具体设置及效果截屏如图10-2-18（a）、（b）所示。

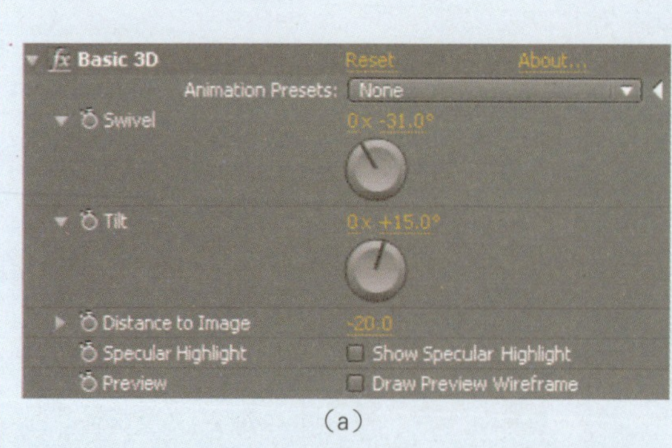

（a）

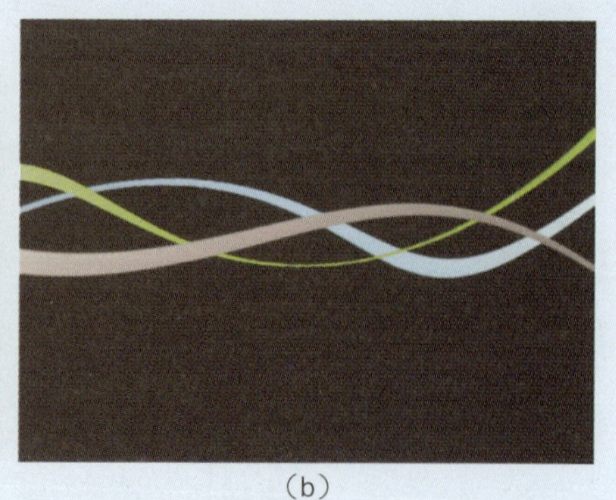

（b）

图10-2-18

（13）在特效面板中，展开“Hue/Saturation（色相/饱和度）”特效，具体设置及效果截屏如图10-2-19（a）、（b）所示。

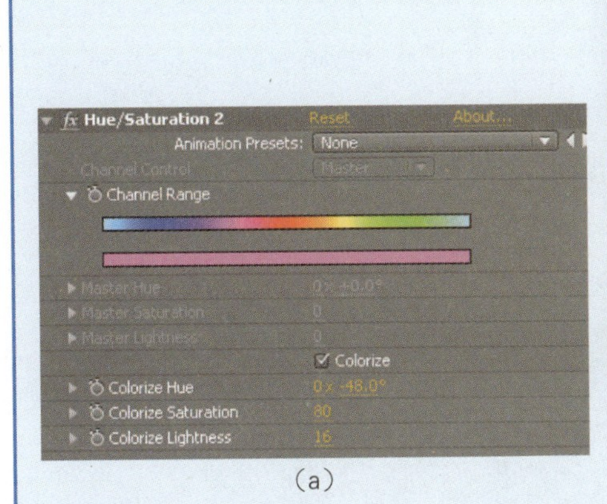

（a）

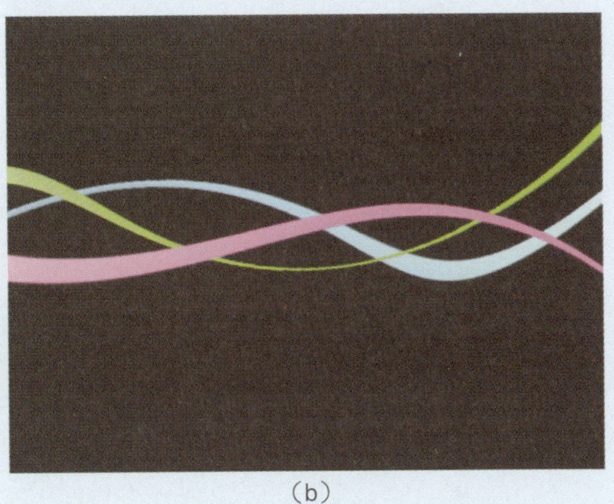

（b）

图10-2-19

（14）参照彩带02图层和彩带03图层的制作方法，设置彩带04图层的参数，并在时间线面板中调整四条彩带进入画面的顺序，具体设置及最终效果如图10-2-20（a）、（b）所示。

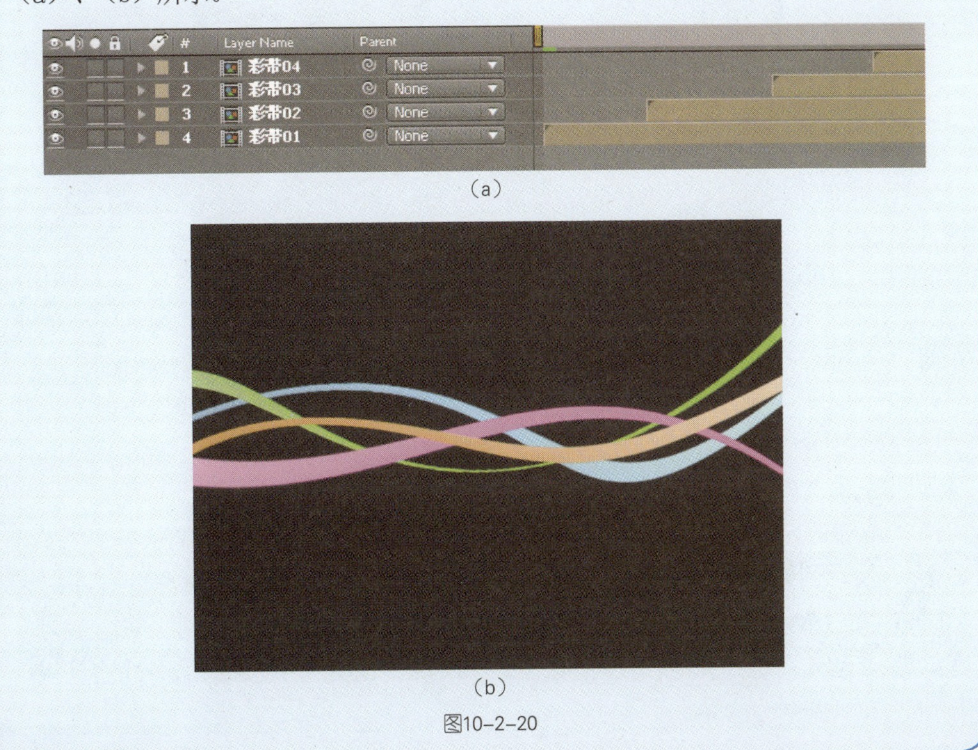

（a）

（b）

图10-2-20

3. 制作彩带模糊动画

在彩带全部出现后，制作四条彩带在模糊的过程中变成单线效果，并使其流动起来，然后制作文字动画。具体制作步骤如下：

（1）在项目面板中“彩带”合成，按Ctrl+D快捷键复制出一个副本，然后双击打开得到的合成，选中4个彩带合成，执行“Layer/Pre-compose（层/预合成）”命令，弹出如图10-2-21所示的对话框，保持默认设置，单击 OK 按钮。

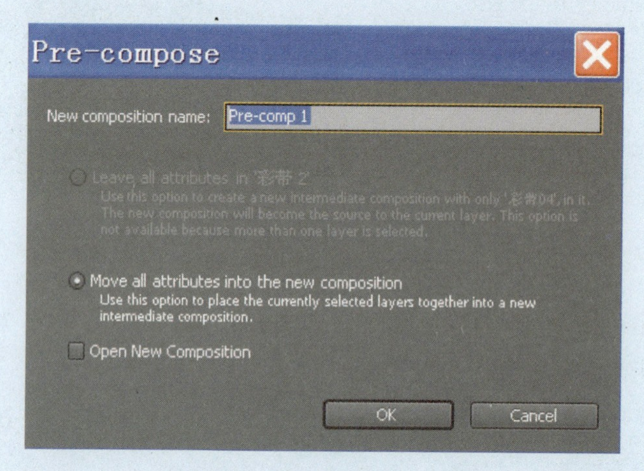

图10-2-21

（2）执行“Composition/New Composition”命令，在弹出的对话框中设置尺寸为720×576，时间长度为6 s，名称为“彩带模糊动画”，单击 OK 按钮保存设置。

（3）将Pre-comp1合成拖入到彩带模糊动画合成窗口中，执行“Effects/Blur &Sharpen/Fast Blur（特效/模糊&锐化/快速模糊）”命令，为该层添加一个模糊效果。设置Blur Dimensions为Horizontal，在水平方向上产生模糊。将时间移动到2 s16帧位置，也就是彩带全部出现的时候，打开Blurriness前面的码表，插入一个关键帧。将时间移动到3 s13帧的位置，设置Blurriness为210。具体设置及效果截屏如图10-2-22所示。

（a）　　　　（b）

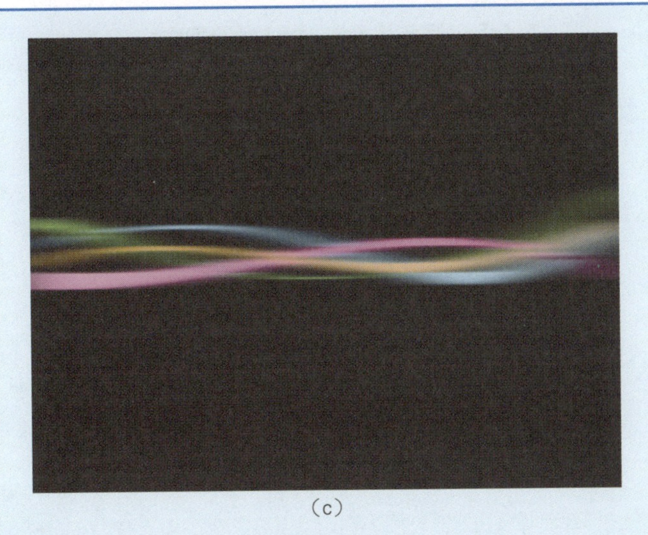

（c）

图10-2-22

（4）在时间线面板中选择彩带模糊动画图层，展开Transform属性，单击Scale前面的码表，将时间移动到2 s 16帧位置，设置Scale值的为100，100；将时间移动到3 s 13帧位置，设置Scale值为100，8。其作用是将彩带压扁为单线。

（5）执行“Effects/Stylize/Motion Tile（特效/风格化/动态平铺）”命令，让彩带产生光怪陆离的动画效果。将时间移动到3 s 13帧位置，打开Tile center前面的码表插入一个关键帧，设置该位置的Tile Center为360，288，将时间移到6 s位置，设置Tile Center为2600，288。具体设置如图10-2-23所示。

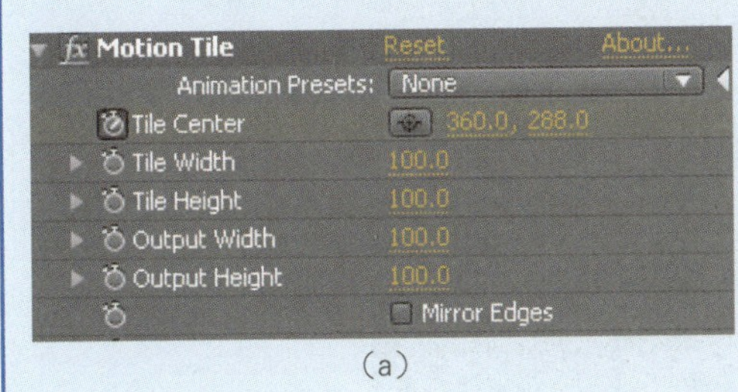

（a）

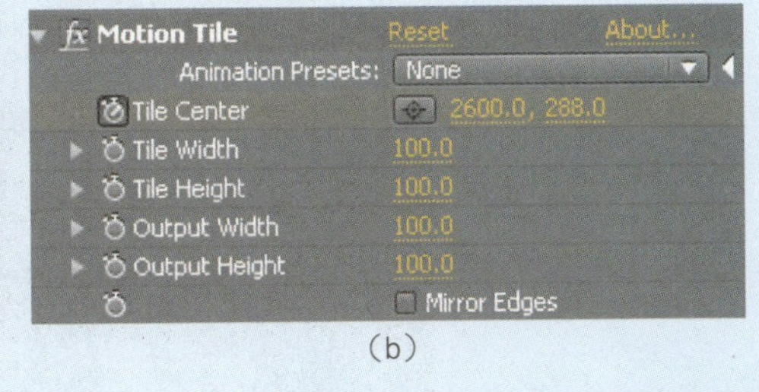

（b）

图10-2-23

（6）在工具栏中选择文字编辑工具，在屏幕上输入“VERSACE 范●思●哲”，在文字面板中，设置字体为Arial，文字的尺寸为68，设置文字的颜色为RGB（255，255，255）；设置文字边框类型为Stroke Over Fill，边框尺寸为3px；具体设置如图10-2-24所示。

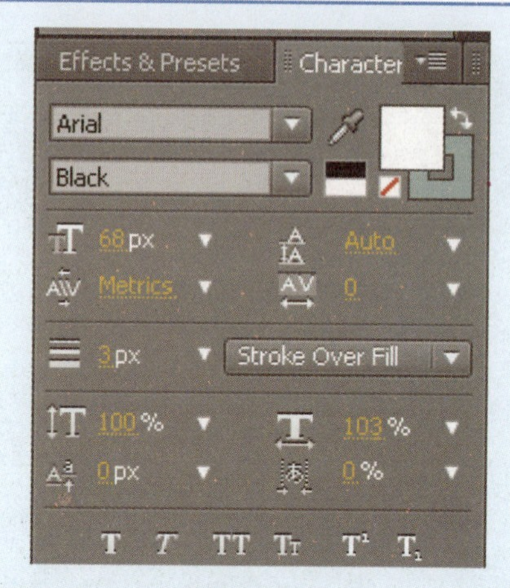

图10-2-24

（7）在时间线面板中，选择刚建立的文字层，按Ctrl+D快捷键复制出一个图层。展开Transform选项，取消Scale前面的链接并把参数设置为100、-100，并将其垂直反转。设置Opacity为33%。用矩形工具绘制一个Mask，具体设置及效果如图10-2-25所示。

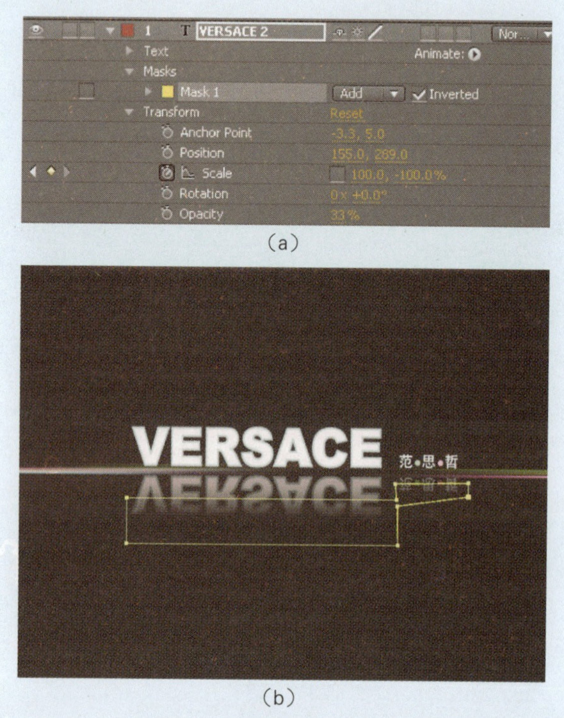

（a）

（b）

图10-2-25

知识窗

AE可以以轴心点为基准，对对象进行缩放，改变对象的比例。可以通过输入数值和拖动对象边框上的句柄对对象进行大小设置。在Transform选项输入数值时，系统默认是等比例的缩放，如果要进行非等比例的缩放时，需断开Scale数值前面的链接按钮，否则，都将是等比例缩放。

（8）制作文字从线条上升起的动画。选择两个文字层，在搜索器中输入“sc”，同时修改两个层的Scale参数。将时间线指示器移动到3 s13帧位置，打开Scale前面的码表，设置Scale的值为100、0%。具体设置及效果如图10-2-26（a）、（b）所示。

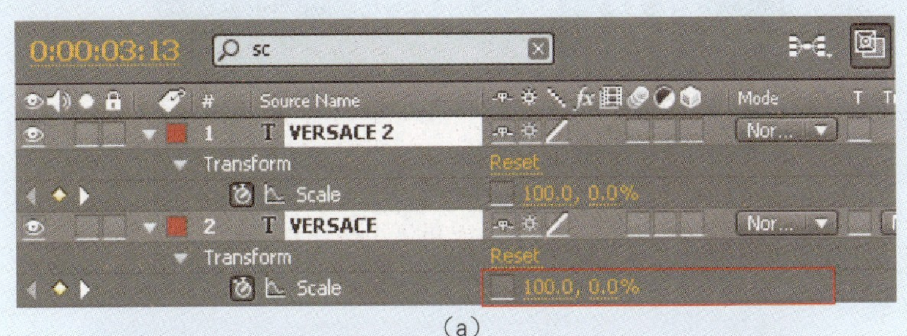

（a）

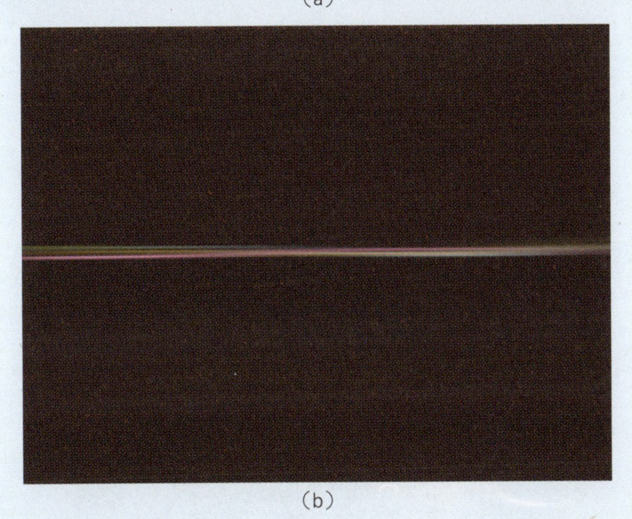

（b）

图10-2-26

（9）在4 s 04帧处分别设置第一个文字图层的Scale为100、-100%，第二个文字图层的Scale为100，100%。按下小键盘的0键预览动画，文字已经由线条慢慢上升。具体设置及效果如图10-2-27（a）、（b）所示。

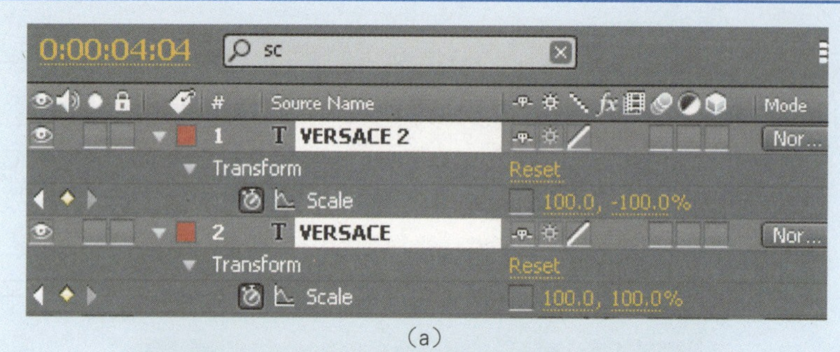

（a）

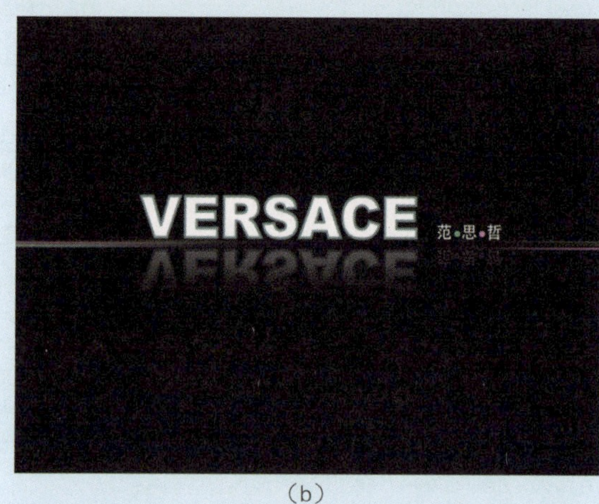

（b）

图10–2–27

4．制作动态背景合成

（1）新建一个合成，命名为“舞动的彩带 合成”，具体设置如图10-2-28所示。

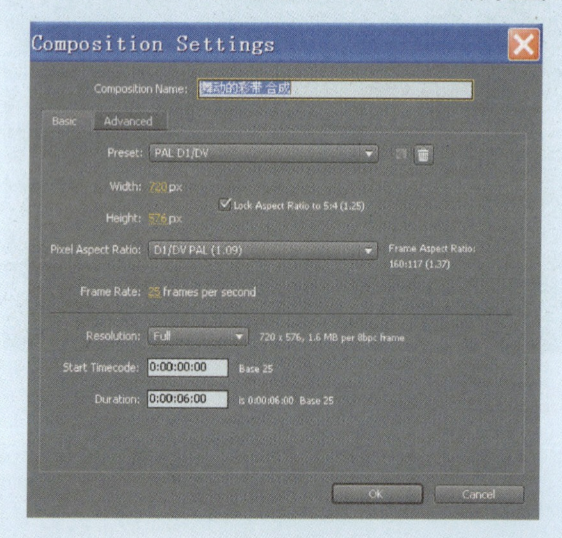

图10–2–28

（2）按Ctrl+Y快捷键新建一个固态层，将其命名为“背景1”。使用Ramp特效为固态层做一个渐变效果，具体设置及效果如图10-2-29（a）、（b）所示。

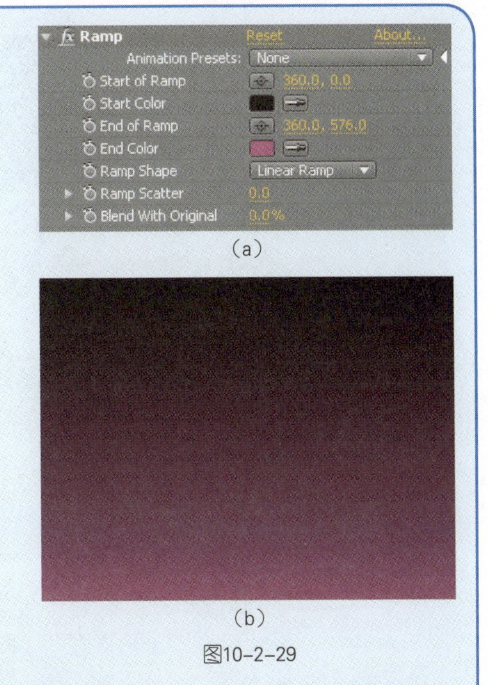

（a）

（b）

图10-2-29

（3）将项目面板中的彩带模糊动画合成拖放到舞动的彩带合成时间线面板中，并打开三维开关。执行“Effects/Perspective/Basic 3D（特效/透视/基本3D）”命令，为其制作一段有透视空间感的动画。分别在4 s 14帧位置和5 s 07帧位置添加关键点。具体设置及效果如图10-2-30（a）、（b）、（c）所示。

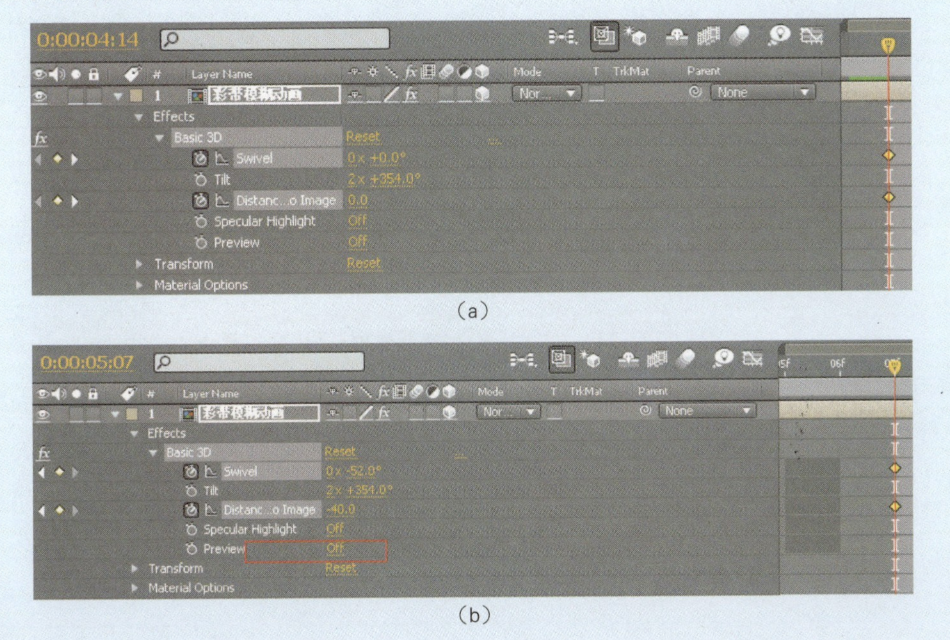

（a）

（b）

（c）

图10-2-30

（4）为背景制作动态的随机线条动画。按Ctrl+Y快捷键新建一个固态层，命名为“背景2”。执行“Effect/Noise & Grain/Fractal Noise（特效/噪波&颗粒/分形噪波）”命令，在特效面板中进行参数设置，如图10-2-31（a）所示。在时间线面板中设置Mode的叠加模式为Overlay（叠加），如图10-2-31（b）所示。

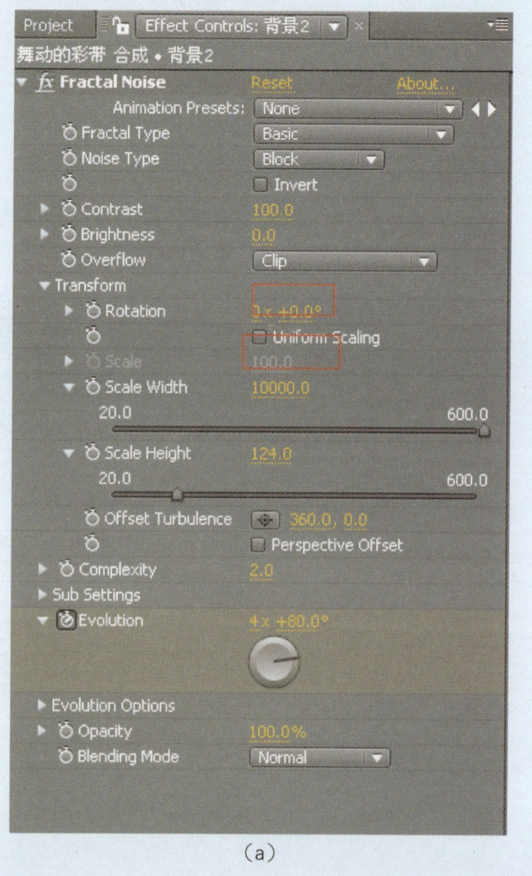

（a）

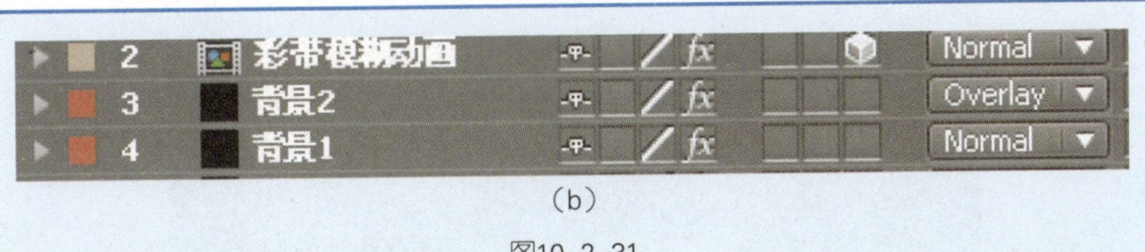

（b）

图10-2-31

（5）在特效面板中，设置0秒处的Evolution（演化）值如图10-2-32（a）所示，效果如图10-2-32（c）所示。5 s10帧处Evolution值如10-2-32（b）所示，效果如图10-2-32（d）所示。

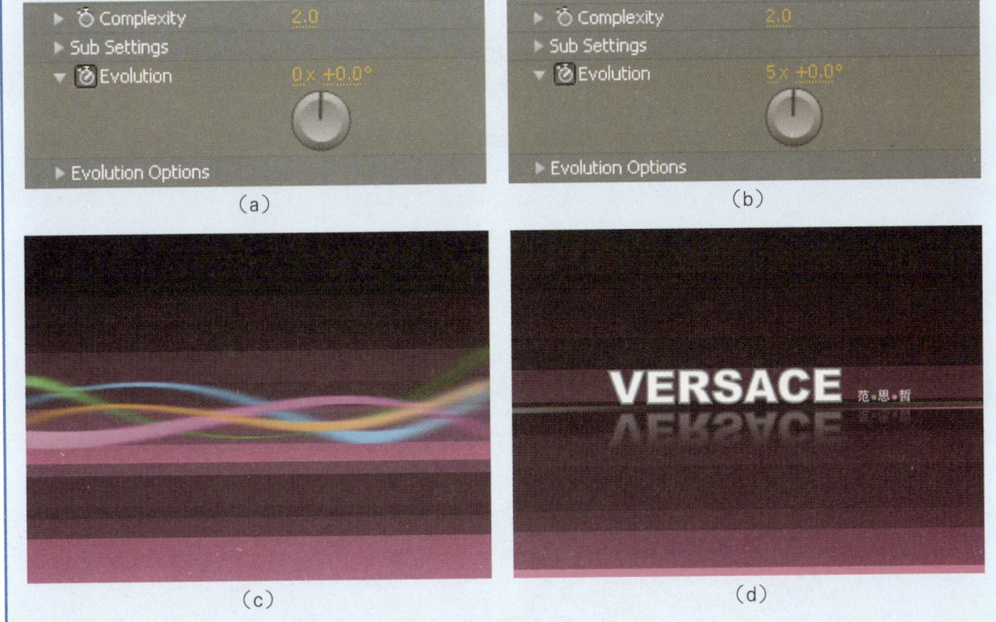

（a） （b）

（c） （d）

图10-2-32

（6）为了让画面更加丰富和契合时尚主题，导入“配套光盘/模块十/时尚卡通01.png”到项目面板中，并将其拖放到时间线面板的“彩带模糊动画”图层下面。加入Gradient Wipe特效，将时间指示器分别移动到2 s 18帧、3 s 12帧、4 s 09帧位置，添加关键帧。第1个、第3个关键帧的参数如图10-2-33（a）所示，第2个关键帧的参数如图10-2-33（b）所示，完成后的效果10-2-33（c）所示。

（a） （b）

（c）

图10-2-33

（7）对时尚卡通01图层Transform中的Position、Scale、Rotation设置关键帧（每个关键帧上的具体参数请参照配套光盘中模块十的源文件），特效及关键帧位置设置如图10-2-34（a）所示；然后导入“配套光盘/模块十/动感音效.mp3”素材到时间线面板的最下一层，如图10-2-34（b）所示。按数字键盘0键进行预览。

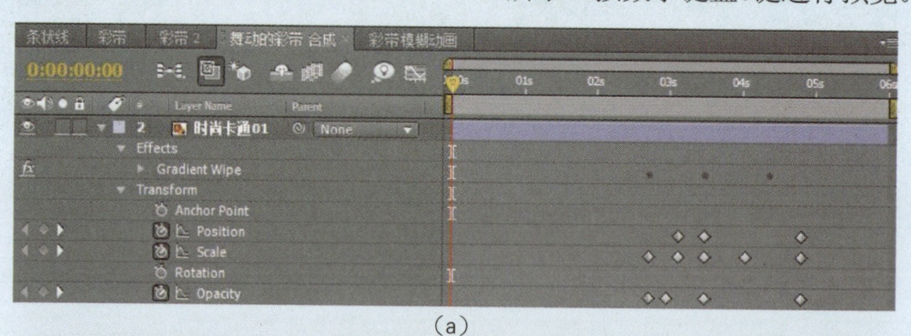

（a）

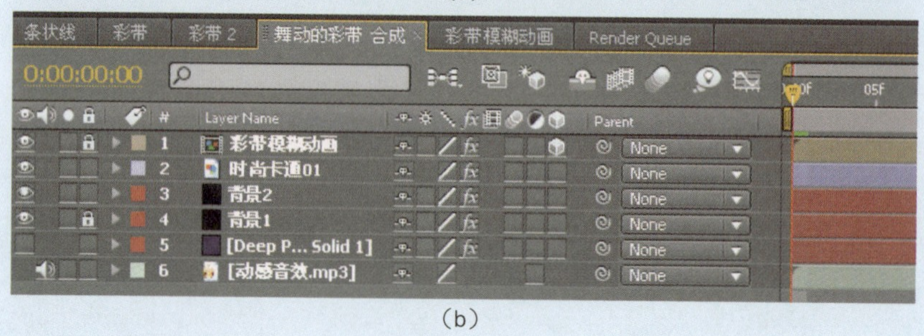

（b）

图10-2-34

（8）按Ctrl+S快捷键保存工程文件，然后按Ctrl+M快捷键渲染输出。

（9）执行“File/Collect Files”命令收集素材，以便在其他计算机中打开此文件。成片最终效果如图10-2-35所示。